吉林财经大学资助出版图书

数据网格几个关键技术的研究

姜建华 著

科学出版社

北京

内 容 简 介

数据网格是网格计算领域的一个重要分支,也是当前大数据处理领域的研究热点。在数据网格中,数据密集型作业是其中最重要的一类作业类型。因此,如何提高这类作业的处理性能是数据网格中的一个重要研究内容。本书主要探讨如下内容:①数据副本管理问题;②数据密集型作业调度问题;③空间数据网格中的即插即用协议体系结构和设计问题;④空间数据网格中的按需动态扩展协议体系结构和设计问题。

本书适合全国高等院校从事大数据领域研究的研究生、教师、科研工作者,科研机构相关研究人员,高科技企业从事大数据应用开发与管理的高级技术人员,以及大数据相关领域爱好者等参考和阅读。

图书在版编目(CIP)数据

数据网格几个关键技术的研究/姜建华著. —北京:科学出版社,2017.9
ISBN 978-7-03-054521-3

Ⅰ. ①数… Ⅱ. ①姜… Ⅲ. ①网格计算–研究 Ⅳ. ①TP393.028

中国版本图书馆 CIP 数据核字(2017)第 231024 号

责任编辑:王喜军 / 责任校对:樊雅琼
责任印制:吴兆东 / 封面设计:壹选文化

科 学 出 版 社 出版
北京东黄城根北街 16 号
邮政编码:100717
http://www.sciencep.com

北京九州迅驰传媒文化有限公司 印刷
科学出版社发行 各地新华书店经销
*
2017 年 9 月第 一 版 开本:720×1000 1/16
2018 年 1 月第二次印刷 印张:9 1/4
字数:160 000
定价:68.00 元
(如有印装质量问题,我社负责调换)

前　　言

目前，市场上大量存在关于云计算、大数据等方面的通识性书籍，缺乏对其深度介绍和关键问题的认识。这就导致大部分读者难以深入理解当前流行的计算模式的本质内涵，进而难以有效深入领会和探索。本书试图打破这种僵局，对数据网格的几个关键问题的分析和求解，对读者了解数据网格的运作机理、数据密集型作业的计算模式、数据副本管理、存储设备管理等具有关键性作用。

在本书的写作过程中，作者首先考虑的是数据网格中有哪些是读者比较关心的重点难点问题，并以此为出发点，研究基本解决方案，并给出其具体效果。

本书的主要内容如下。

（1）详细研究副本替换问题。在副本管理中，主要涉及副本创建，而副本创建的过程中不可避免地导致副本替换。然而，有效的副本替换将提升数据密集型作业的处理效率。因此，副本替换成为当前数据网格中的一个研究热点。首先分析当前副本替换所采用的策略，认为当前的副本替换问题的研究主要存在两个问题：①当前副本替换算法仅考虑单个数据文件，而忽视了其关联特性；②当前副本替换算法更多地考虑单个数据文件的访问情况，而忽视了其在数据网格全局中的访问特性。针对第一个问题，本书提出一个基于 Apriori 的关联数据文件替换算法，该算法首先通过各个存储节点的数据文件使用情况挖掘出数据文件的关联规则，然后根据这些关联规则产生副本替换决策，最后与其他副本替换算法的对比实验中表明本书所提出的算法具有较好的效果。针对第二个问题，本书提出一个 LFU-Min 算法，该算法将针对单个存储节点上数据文件的访问情况扩展到数据文件在全局数据网格上的访问情况，认为那些在全局网格上不频繁使用的数据文件具有优先被替换的权利，最终在 OptorSim 数据网格模拟器中的实验结果表明本书所提出的 LFU-Min 算法具有较好的效果。

（2）详细研究数据密集型作业调度问题。在数据网格中，针对数据密集型作业的调度好坏将直接影响数据网格的处理效率。在分析当前的数据密集型作业的特点的基础上，简要阐述数据密集型作业调度的研究情况，并认为当前的研究存在两个缺陷：①缺乏有效的 Gfarm 数据网格中的数据密集型作业调度和管理手段；②在以访问代价为目标函数的数据网格的作业调度策略中，访问代价的影响因素应考虑处理节点上作业等待队列中的作业行为的影响。针对第一个问题，本书在分析 Gfarm 和 LSF 之后，认为可以通过对 LSF 中的插件机制的研究来设计和实现一个基于 Data-aware 的批数据密集型作业调度算法，并从批作业的大小来选择两种不同的处理策略。针对第二个问题，本书首先针对由于副本频繁替换导致在调度与运动时的数据分布产生变化，进而使得访问代价计算产生偏差，然后认为这种偏差是由于处理节点上的作业等待队列中作业的潜在行为导致估计结果的偏差，最后设计和实现一个考虑作业等待队列中作业的潜在行为的副本替换算法。为了保证该副本替换算法的高效性，本书引入一个简单的副本情况非集中式的反馈机制。与传统基于访问代价的副本替换算法进行对比模拟实验分析，本书所提出的副本替换算法具有较好的效果。

（3）研究空间数据网格中的即插即用的协议体系结构和设计。首先阐述空间数据网格，然后对当前即插即用协议进行综述，最后提出一个空间数据网格中的即插即用协议的体系结构和设计。本书所提出的即插即用协议主要包括设备动态上/下线协议、设备访问控制协议、数据资源动态上/下线协议和数据资源融合协议。相比于其他的设备即插即用协议，本书所提出的数据资源动态上/下线协议和数据资源融合协议是其有益的补充，特别是数据资源融合协议的设计为空间数据网格性能的提升提供了保证。

（4）研究空间数据网格中的按需动态扩展的协议体系结构和设计。首先对当前的按需动态扩展协议进行调研，并在调研的基础上认为当前的按需动态扩展协议应该考虑分析者行为需求，提出一个针对空间数据网格的按需动态扩展协议。整个协议分为信息采集层、决策制定层和决策执行层。为了实现这三个层的功能，分别设计信息采集协议、决策制定策略和决策执行协议。在决策制定策略中，采用数据挖掘的分类思想，以原有的决策条件和决策规则为训练数据集，通过挖掘分类规则，找到新数据集的所属类别，最终根据其所属的类别来映射出对应的决策执行方案。

感谢默默付出的王欢女士，感谢同事的帮助，是你们的无私关怀和帮助、最大限度的宽容和付出才使本书能够顺利出版。

本书得到了吉林财经大学的资助，在此一并表示感谢。

由于作者水平与时间的限制，书中难免会存在疏漏之处。如果读者在阅读过程中发现了一些问题，请 E-mail：jjh@jlufe.edu.cn，作者会及时给予回复。

姜建华

2016 年 12 月

于吉林财经大学

目　录

前言

第1章　绪论 1

1.1　网格计算研究背景 1

1.2　数据网格研究的理论意义及价值 5

1.3　数据网格研究现状 5

1.4　本书的主要研究方法 9

1.5　本书的结构安排 11

第2章　网格与数据网格 13

2.1　网格系统 13

2.2　数据网格系统 14

2.3　数据网格的主要项目 19

2.4　本章小结 22

第3章　数据网格中副本替换算法研究 23

3.1　数据网格副本管理 23

3.2　数据网格副本替换综述 24

3.3　ARRA：基于 Apriori 的关联数据副本替换算法 26

3.4　LFU-Min：基于 LFU 的全局最少使用副本替换算法 36

3.5　本章小结 42

第4章　数据网格中数据密集型作业的调度算法研究 44

4.1　数据密集型计算 44

4.2　研究概述 46

4.3　数据密集型作业在 LSF 和 Gfarm 中的 Data-aware 调度算法 49

4.4　ACPB：基于访问代价并结合作业潜在行为的作业调度算法 ············· 61

4.5　本章小结 ··· 75

第 5 章　空间数据网格即插即用协议研究 ··· 77

5.1　空间数据网格概念 ··· 77

5.2　即插即用机制 ··· 78

5.3　空间数据网格即插即用协议 ·· 79

5.4　本章小结 ··· 102

第 6 章　空间数据网格中数据资源的按需动态扩展协议研究 ··················· 104

6.1　研究概述 ··· 104

6.2　数据资源按需动态扩展协议 ·· 105

6.3　本章小结 ··· 124

第 7 章　结论与展望 ··· 126

参考文献 ·· 129

附录 ··· 136

第1章 绪 论

1.1 网格计算研究背景

技术的发展是为了解决人们的需求问题，而满足这些需求的同时也就拓展了人的能力，所以需求是创新之母。在 19 世纪 70 年代，贝尔和格雷发明了电话，从此人类就具备了"千里耳"的能力；自研究人员于 1969 年开始网络技术的研究和发展以来，人类就具备了"一网知天下"的能力。而今，人们的需求不仅局限于通过网络来获取信息，更多地将网络视为计算机、系统、软件、服务等，因此人们对网络的要求已经从计算机之间的简单互联到资源的充分共享。自 20 世纪 90 年代中期以来，网格计算技术的发展就在于解决各种资源的动态共享问题。为了更好地让大家认识网格，网格技术往往以电网做比喻，研究人员希望未来的网格服务像人们用电一样去使用网格服务。也就是说，网格技术解决了人们"按需服务"的要求，极大地拓展了人的"服务能力"。网格技术试图使得互联网上的所有资源全面连通，包括计算资源、存储资源、数据资源、通信资源、软件资源以及知识资源等，其目标就是实现整个网络虚拟环境下的资源全面共享和协同工作，消除资源孤岛和信息孤岛。

1.1.1 网格的概念和内涵

网格之父 Foster 将网格计算认为是在动态、多机构的虚拟组织中通过协作等方式解决资源共享问题[1]。资源共享不仅仅限于文件交换，更包括对计算机、软件、数据和其他资源的直接访问。虚拟组织是指一些个体或者机构具有这种资源共享机制的集合。在 1999 年，Foster 在其著作《网格：21 世纪信息技术基础设施的蓝图》中将网格定义为：网格是构筑于互联网之上的一组新兴技术，其目的是将高速互联网、高性能计算机、大型数据库、传感器、远程设备等融为一体，为科技人员及普通用户提供更多可用的资源、功能和交互性[2]。

从网格之父 Foster 的定义中可以看出，网格计算所需要解决的是如何在动态、异构的不同虚拟组织间实现资源的充分共享和协同解决某一个特定问题。因此，若所需要解决的问题有所不同，则对网格的理解会有所区别。

网格可定义为一种在广域范围里的动态地组织、共享和使用各种资源（包括计算力、存储器、数据库、共享设备、通信设施等）的机制，这种机制借助于飞速发展的高速网络进行各种资源的共享和集成，并最终提供了一种超级的、协同的服务能力。其目的是要将广域网络上的各种资源通过网格所建立的机制进行集成和全面共享，并最终成为一台超级计算机，具有无所不能的服务能力。

1.1.2　网格技术的发展趋势

网格技术的发展主要看其体系结构的变化及其应用领域的变化。早期的网格体系结构是 Foster 等提出的五层沙漏结构，如图 1.1 所示。

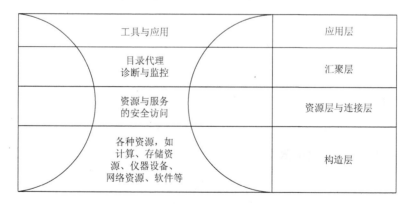

图 1.1　五层沙漏结构体系图

五层沙漏结构参考了 TCP/IP 的设计思想，将网格体系设计为以"协议"为中心，其中资源层与连接层实现网格计算中最核心的协议。核心协议要求数量不多，但要求所有网格应用都能够得到广泛支持。TCP/IP 的成功是层次性协议设计的典型代表，但这并不能保证借鉴 TCP/IP 体系的网格计算协议体系的成功。由于不同的网格应用的需求有较大的区别，因此很难对各个层次的协议进行标准化。同时，由于相关技术的飞速发展，特别是 Web Service 技术的发展，对网格计算的体系结构的演化起到了积极的作用。

在 2002 年全球网格论坛的论文中，Foster 等[3]提出了一个全新的网格体系结构，即开放网格服务体系结构（open grid service architecture，OGSA）。这种体系结构是在当时 Web Service 技术的飞速发展的背景下提出的。它将 Globus 和 Web Service 技术进行融合，统一以网格服务的方式对外界提供服务。XML、SOAP、WSDL、UDDI 等技术与平台无关的特性造就了 Web Service 的成功。这些技术使得访问异构平台的各种服务能够顺利进行，大大提高异构系统上的资源可用性和便利性。

近年起步的云计算技术由于得到一些大型公司，如 IBM、Microsoft、Google 等大力推进而发展迅速。维基百科认为云计算是一个能够将动态伸缩的虚拟化资源通过网络以 Web 服务的方式提供给用户的计算模式，对用户而言无需了解如何管理那些支持云计算的基础设施[4]。简单地说，云计算是一种通过 Web 来获得软件和服务的计算模式。相比于网格计算，云计算的成功主要在于其合理的商业模式，而从计算处理的性能的角度考虑，网格计算更侧重于通过对不同组织的各种资源的有效管理来提升其作业的处理性能。从趋势上看，网格计算的发展为云计算的发展提供了良好的基础设施。

1.1.3　网格计算的主要项目

计算网格和数据网格是网格计算的两个重要分支。下面主要对这两种类型的网格项目进行介绍。

计算网格的主要项目有 Globus[5]、Nimrod/G[6]、NetSolve[7]、AppLeS[8]、Gfarm[9]等。

Globus：Globus 项目是网格计算领域最知名的项目。Foster 等[5]讨论了原有分布式元计算环境中难以处理异构和动态资源获取的特点，提出了 Globus 解决方案。当前的 Globus Toolkits 已经发展到第 5 版，其已经成为一个工具集合，主要包括安全、信息基础设施、资源管理、数据管理、通信等。自 1996 年启动 Globus 项目以来，已经得到世界众多知名高校和科研机构的合作，同时与 Microsoft 和 IBM 等知名企业进行了战略合作。

Nimrod/G：Nimrod/G[10]是 Nimrod 系统[6]的新发展。Nimrod 系统对于一系列静态计算资源具有很好的解决方案，而对于大范围的动态计算资源则缺乏有效的解决途径。因为这些资源大范围分散地分布于不同的管理域，而这些管理域具有各自的用户管理政策，拥有各自的作业管理策略，以及不同的访问代价和计算能力。Nimrod/G 采用 Globus 中间件服务来解决网格计算所需要的在计算网格环境中的动态资源发现和作业分配问题。因此 Nimrod/G 是 Nimrod 和 Globus 的结合系统。

NetSolve：Casanova 和 Dongma[7]介绍了 NetSolve 项目。NetSolve 是一个客户/服务器系统，采用远程方式解决复杂的科学问题。该系统允许用户访问分布于网络中的各种硬件和软件计算资源。NetSolve 通过搜索网络上的计算资源找到最合适的计算处理节点，同时整个作业处理过程要确保负载平衡。与此同时，容错性是 NetSolve 的另一大特点。

AppLeS：Berman 等[11]在 1996 年 IEEE 超级计算国际会议上提出了一个应用层次上的调度方案用于解决异构系统网上的作业处理。AppLeS 是一种有效的元计算应用调度，在这种调度中，每个应用都与定制的调度器相结合。通过特定的应用性能模型和从 AppLeS 系统中动态地获取各种资源的信息，AppLeS 调度器进行最佳处理节点的决策[8]。这种调度的依据就是处理节点可能的负载情况和处理性能的预测。

数据网格是网格计算的另一个重要分支。这种网格类型主要处理数据密集型作业类型。当前主要的数据网格项目包括 Gfarm[9]、EU Data Grid[12]、Globus Data Grid[13]、SRB[14]和 GriPhyN[15]等。空间数据网格是一类应用于地理信息领域的数据网格技术。在这种类型的数据网格中，数据网格所处理的数据是一类海量、多维、多粒度、异构并具有时间和空间特征的数据。第 2 章将详细介绍数据网格，细节请参考第 2 章。

1.2　数据网格研究的理论意义及价值

网格技术至今仍然不够成熟，特别在数据网格领域的研究仍然需要进一步的探索。数据密集型作业是数据网格之上的主要的作业类型。针对数据密集型作业的调度是提升数据网格处理性能的关键点之一，因此有必要去探索 Data-aware 机制的作业调度算法。这种机制研究的意义在于为数据网格中的数据密集型作业调度问题找到一个合适的解决方案。

与此同时，在数据网格中，副本管理的目的是对数据文件及其副本进行有效分布和管理以提升数据密集型作业的处理性能，并减少网络带宽的使用。其中，影响作业处理性能和网络使用的关键在于数据副本在合适的节点创建以及各个网格存储节点上数据文件或副本的替换策略。本书主要针对副本替换策略进行研究，其意义在于找到一个有效的副本替换策略以提升数据密集型作业的处理性能和减少网络带宽在处理时的占用率。

在空间数据网格领域，如何进行副本管理和作业调度仍然是一个研究的热点，同时，其中的存储设备的即插即用机制以及存储空间的按需动态扩展机制也是两个关键点。即插即用机制实现了存储设备在空间数据网格中的动态加入和移除，这种处理方案的意义在于保证了空间数据网格的稳定和可用性。空间数据网格的存储空间按需动态扩展机制为海量数据的存储空间申请、使用和回收等一系列管理问题找到一个有效的处理途径。这种按需动态扩展机制能够智能、有效地进行可用存储空间的申请、使用和回收。

1.3　数据网格研究现状

对于数据网格的研究，大量学者对其各个方面进行了广泛的研究。本书就其中的几个关键技术进行深入研究，主要的研究方面包括作业调度、副本复制策略、空间数据网格中的即插即用机制和按需动态扩展机制。

1.3.1 数据网格作业调度

在数据网格系统上运行的作业可以根据不同的标准进行分类。若从所提交的作业是否在运行过程中与用户进行交互的角度划分，可以将作业分为批作业和互动作业；若以作业在处理过程中是以计算为中心还是以数据为中心划分，又可以简单分为计算密集型作业和数据密集型作业；若从作业处理的时间要求的角度考虑，又可以将作业分为实时作业和非实时作业；当然，还可以根据作业不同的优先级进行分类。本书首先进行以上分类是由于当前的作业调度的研究往往针对不同类型的作业。

作业调度是网格计算的关键的核心技术之一，这是因为在网格计算的环境中，资源是广域松散耦合且异构的，那么对于某一个计算任务，对其进行合理而有效的调度将是这个作业能否得到高效处理的关键。就数据网格上的作业调度而言，现有的作业调度算法主要分为三类：以系统为中心（system-centric）、基于经济（economy-based）和以应用为中心（application-centric）。以系统为中心的调度算法关注整个数据网格系统上所有作业的整体处理性能；基于经济的调度算法强调采用市场经济理论的思想将数据网格中的资源分配和作业处理进行优化；以应用为中心的调度算法则关注单个作业的处理性能达到最优。Condor[16]、Condor-G[17]是以系统为中心的调度策略的主要代表；Nimrod/G[10]实现了数据网格中的生产者和消费者的关系机制，其为基于经济的调度策略的典型代表；AppLeS[18]则是一个以应用为中心的典型代表。

基于访问代价的调度模型分为两种，若仅针对单个作业的访问代价最小的作业调度策略，则为以应用为中心的调度策略，反之，若针对所有作业的访问代价最小，则为以系统为中心的调度策略。文献[19]~[21]采用了统计方法来估计作业在各个处理节点的预测所需完成时间，而忽视了影响作业完成时间的因素。文献[22]、[23]则认为数据密集型作业所需处理时间与其访问代价有关，将访问代价的计算作为选择合适作业处理节点的依据。

1.3.2 副本替换策略

对于数据网格中的数据密集型作业，将数据密集型作业调度到具有该作业所需的绝大多数数据文件的节点是一个有效的解决途径。然而，必然存在处理节点上有些数据文件并不存在的现象，此时就需要将其他节点的数据文件复制到合适的处理节点。当前副本复制和替换策略主要有 Cache Replacement 模型、Economic 模型、Value 模型、Popularity 模型、Prediction 和 Cost 模型等。对于副本复制，其中一个重要环节就是要进行副本替换。作业处理节点的物理存储空间并不总是富余，若空闲的存储空间不够，就需要进行副本替换。草率的副本替换往往导致数据文件频繁地替换，进而造成数据网格上的数据文件的颠簸。

（1）Cache Replacement 模型：Cache Replacement 模型是传统的副本替换策略，主要有 Least-Recently-Used（LRU）[24]、Least-Frequency-Used（LFU）[25]、Greedy Dual-Size[26]和 LCB-K[27, 28]等。LRU 是指存储节点在最近一段时间内最长时间不被使用的数据文件优先被替换，而 LFU 是指存储节点在最近一段时间内最不经常被使用的文件首先被替换。Greedy Dual-Size 是指每个置入 Cache 中的 Web 页面都赋予一个 H 值，若某个页面被替换则其 H 值减少，若该页面被访问则 H 值增加，那些具有最小 H 值的页面被优先替换[26]。LCB-K 是指根据计算代价的角度进行选择候选替换数据文件，因为相比于内存替换、网页替换等算法，数据网格中的数据文件的替换的代价更大[27, 28]。

（2）Economic 模型：Carman 等于 2001 年提出了一个基于 Economic 模型的文件访问和副本复制策略[29]。Buyya 等[30]也提出了在 P2P 和 Grid 环境中的基于 Economic 模型的副本复制策略。在文献[29]和[30]中，数据文件被描述为市场中的商品。对于运行中的作业，数据文件可以被计算单元（computing element）所购买，也可以被存储单元（storage element）来进行投资。对于存储单元，其侧重于如何管理自己的数据文件从而达到其利润的最大化；而对于计算单元，其侧重于如何优化以使得其购买成本最低化，并提出存储单元主要通过 Auction 协议方式来出售数据文件给计算单元来获得最佳收益。文献[31]对 Economic 模型在 OptorSim[22]数据网格模拟器中进行评估。

（3）Value 模型：在 Economic 模型的基础上，Yan 等提出了在移动网格环境中的 Value 模型[32]。在这个模型中，作者考虑了副本的价值，并对替换所产生的价值进行了计算。作者所设定的函数包括 Value income function，Value payout function 和 Value variation function。在网格中的模拟结果表明其具有较好的效果。

（4）Popularity 模型：Philippe Cudre-Mauroux，Karl Aberer 在文献[33]中提出了一个基于 Popularity 模型的副本替换策略。作者将 Popularity 定义为 Zipf 分布函数，通过数学统计的方法对副本的 Popularity 以及其存储空间的 Popularity 进行了对应处理，并在 P-Grid 系统[34]中进行了验证，取得了较好的效果。

（5）Prediction 和 Cost 模型：Ma 和 Luo 提出了一个基于 Predication 和 Cost 的副本替换算法[35]。作者认为通过数据网格节点上的数据文件的历史访问累计统计情况进行预测，同时考虑网络延迟、带宽、副本大小以及系统可靠性等因素所导致的副本复制代价，来综合得出副本替换的策略[35]。这种副本替换算法在平均作业处理时间、网络带宽的使用率、访问延迟等方面在数据网格的模拟中均具有较好的表现。

1.3.3　即插即用

空间数据网格是当前数据网格的一个重要的应用领域。当前，空间数据网格往往与地理信息系统进行耦合构成空间信息网格（spatial information grid，SIG）。在空间数据网格中，其空间数据呈现出海量、多维、多粒度等特点。如何对这类数据进行存储、管理和使用是空间数据网格的主要研究内容。其中，存储设备及其数据资源的即插即用也是一个重要的研究热点。

即插即用机制是指设备在网络系统中的热插拔机制。UPnP 聚焦于家庭中各种设备在无需其他驱动程序的条件下能够自动加入家庭网络，从而实现各种设备的通用即插即用[37]。那么这种即插即用机制应用于集群系统中,可以快速实现各种计算、存储设备的自动加入和移出。当前,PVFS[38]、DCFS[39]和 LUSTRE[40]集群文件系统在原有静态存储设备扩展的基础上开始探索存储设备的动态加入,但其动态移除机制尚需要进一步的研究。Chord[41]实现了广域网上的各种计算节点和存储节点的即插即用。但是,由于空间数据网格的数据具有海量的特点,因此存储设备的即插即用事件主要发生在各个子网中,也就是集群中。为了实现集群文件系统中的存储设备的即插即用,Handy 集群文件系统采用了元数据服务器环的机制实现了存储设备的动态加入和移出[42]。然而,Handy 集群文件系统忽视了存储设备上数据资源的即插即用,同时忽视了存储设备上数据资源的无缝融合。

1.3.4   按需动态扩展

由于空间数据网格的数据具有海量的特点,运行于其中的数据密集型作业所需的数据量也是巨大的。如何提升这种数据密集型作业的处理性能是一个关键点。相关领域的研究,如内存管理问题,文献[43]系统总结了计算机中的内存管理问题,并认为核心的问题在于解决时间开销和碎片问题。文献[44]则对分布式共享内存系统进行了全面阐述,认为有效地利用各个分布节点上的多个副本是在分布式计算环境中提高作业处理能力的关键。数据网格中的数据文件管理文献[45, 46]则在分析了数据网格中副本管理的基础上,强调副本管理优化的重要性,认为针对数据文件访问历史记录、副本初始创建和副本选择这三个方面进行副本管理优化是提升数据密集型作业的处理性能的关键。然而,在空间数据网格领域,由于数据海量,研究者的分析行为需要得到应急响应,因此进一步要求空间数据网格中的数据管理能够分析行为者的需求,做到快速响应。

1.4   本书的主要研究方法

当前,对数据网格的研究开始进入全面研究的状态。其中关键技术的研究尤其引起专家学者的注意。例如，数据网格中的副本替换机制、作业调度策略，以及数据网格技术在其他领域的应用所涉及的问题等。本书主要针对数据网格中的副本替换机制、数据密集型作业调度、空间数据网格中的即插即用协议和按需动态扩展协议进行研究。主要的研究内容如下。

（1）数据网格系统介绍。首先从网格系统的角度出发，对网格计算进行简要介绍；然后对数据网格系统的体系结构进行介绍，并对当前数据网格中与本书相关的研究问题进行叙述；最后将数据网格中主要的项目进行介绍。

（2）副本替换机制研究。首先对当前的数据网格副本替换机制进行调研；然后针对其中副本替换仅考虑单个数据文件的访问情况进行质疑，认为应该考虑数据文件使用的关联特点，提出一个采用 Apriori 算法寻找数据网格中关联数据文件的副本替换策略；最后针对当前副本替换策略仅考虑单个数据文件在本地存储节点的访问情况而忽视了该数据文件在整个数据网格中的访问情况，给出一个基于全局数据网格考虑的 LFU-Min 算法。

（3）作业调度策略研究。首先对当前数据网格中的作业类型进行分析，认为数据网格中最重要的作业类型为数据密集型作业；其次对数据网格中针对数据密集型作业的调度策略进行调研；然后针对 Gfarm 数据网格中缺少有效的作业管理和调度机制的现状，采用全球闻名的基于负载的作业管理软件负载均衡工具（LSF）中的作业调度插件机制设计和实现一个基于 Data-aware 策略的批作业调度算法；最后，针对数据密集型作业的访问代价在调度时与执行时于处理节点上的副本频繁替换而导致变化的现象，提出一个合理的基于访问代价的调度算法。该算法将处于作业等待队列中作业的潜在行为视为评估访问代价的一个重要影响因素。

（4）即插即用协议研究。首先对空间数据网格和即插即用进行简要介绍；然后对当前的即插即用协议进行综述；最后给出了一个空间数据网格中的即插即用的体系结构和协议，并从协议的格式、消息类型和主要的操作进行全面阐述。整个即插即用协议包括设备动态上/下线协议、设备访问控制协议、数据资源动态上/下线协议和数据资源融合协议。

（5）按需动态扩展协议研究。首先对当前按需动态扩展进行阐述；然后对空间数据网格中按需动态扩展的体系结构进行设计；最后给出一个空间数据网格中的按需动态扩展协议。整个协议包括信息采集协议、决策制定策略和决策执行协议。

1.5　本书的结构安排

数据网格是当前网格技术的一个研究热点。大量学者对数据网格中面临的关键问题进行了研究，同时已经将数据网格技术与其他应用领域进行结合，如与地理信息系统的结合。为了对数据网格中的几个关键技术进行研究，本书从其中的副本替换、作业调度、即插即用和按需动态扩展四个角度展开研究。全书共分 7 章，后面的章节安排如下。

第 2 章为网格与数据网格。首先简要叙述网格计算，从其基本要素及其特点和体系结构方面作一个简要介绍；然后对数据网格系统作一个清晰的阐述，内容包含数据网格体系结构，并对本书所研究的几个关键问题的研究意义进行说明；最后对当前主要的数据网格项目进行介绍。

第 3 章对数据网格中的副本替换算法进行研究。在第 2 章所介绍的数据网格环境中，本书首先从数据网格中的副本管理出发，对其中的副本替换的重要意义作介绍，并结合当前的研究现状，指出其中的不足之处；然后针对当前对副本替换的研究仅参考个体数据文件的使用情况而忽视与其关联数据文件的状况，提出一个基于关联数据文件的副本替换算法，相比于传统算法取得了较好的效果；最后针对副本替换仅考虑本地存储节点的使用情况而忽视了该数据文件的全局使用情况，提出一个 LFU-Min 算法，并取得较好的效果。

第 4 章对作业调度算法进行研究。数据密集型作业处理的一种非常有效的策略就是将作业调度到其所需数据文件所在的节点进行处理，即 Data-aware 调度策略。本书首先针对 Gfarm 数据网格中缺少数据密集型作业管理和调度的现状，结合 LSF 软件中的调度插件机制,设计并实现针对 Gfarm 数据网格的作业调度算法,同时对不同程度的批作业采取不同的调度处理方案；然后针对大量批作业在数据网格节点上的频繁副本替换使得其存储节点上数据密集型作业在调度时和处理时的不同而最终导致作业处理访问代价的变化，提出一个考虑作业等待队列中行为的基于访问代价的作业调度算法，相比于传统基于访问代价的调度策略取得了较好的效果。

第 5 章对空间数据网格中即插即用协议进行研究，提出一种动态即插即用协议。整个协议包括设备动态上/下线协议、设备访问控制协议、数据资源动态上/下线协议和数据资源融合协议。在该章中，对这四个协议进行详细的叙述。

第 6 章对空间数据网格中按需动态扩展协议进行研究。针对当前空间信息网格中不能按照研究者的使用需求的变化，对空间数据网格中数据资源进行重新组织和扩展，给出一种按需动态扩展协议。整个协议包含三个层次：信息采集层、决策制定层和决策执行层。在信息采集层中给出一个信息采集协议，在决策制定层中给出一个可行的决策制定策略，最后在决策执行层中给出一个决策执行协议。

第 7 章对本书所做的工作进行全面总结，并指出未来的研究方向。

第 2 章　网格与数据网格

2.1　网　格　系　统

自 20 世纪末以来，网格技术已经得到了长足的发展。网格系统是为了解决高性能计算而设计和实现的一种基础设施。这种基础设施的目的在于为地理上分散且异构的各种跨组织的计算机系统、设备等连接起来以共同完成某个需要各个组织协作解决的大型任务。因此，网格计算的发展是当前科学研究的直接需求，也是当前超级计算发展的必然结果。

网格之父——Foster 认为网格是在动态、多机构的虚拟组织中进行资源共享协作和问题解决[1]。其核心的思想是将分布于各个不同组织中的各种资源和计算能力通过一个有效的机制来进行共享，从而使得大量普通计算机、各种设备等一起协作来解决一个复杂的任务[1]。网格系统可以看做一个巨型的网络系统，各种计算机、应用设备、移动通信设备等都通过网格进行联系。与此同时，网格自动地去发现、获取、授权、使用这些计算机、设备等上的计算能力、服务、资源等。网格计算为当前各种设备的有效使用找到了一个合适的途径，也是一种高性能计算的解决方案。

相比于当前的其他网络系统，网格呈现出的最大的特点就是资源的充分共享性。无论计算网格和数据网格，资源共享性都是其显著特点。这里的资源不仅是指数据文件，还包括计算机、设备、软件、数据库、仪器等。在这些资源的充分共享的基础之上，网格技术又提供了一种有效的相互协同机制。

在这些年的网格计算的发展历程中，网格计算经历了早期的萌芽到当前的快速发展。当前的网格计算已经逐步从早期的科研为主，逐步走到各种商业领域的应用。同时，网格的体系结构也从早期的五层沙漏结构发展到与 Web Service 技术的结合而产生的 OGSA 体系结构。

2.2　数据网格系统

数据网格作为网格计算领域的一大分支，当前已经得到了越来越多的重视。数据网格是一种面向大型分布式数据存储、处理和管理的网格系统。相比于计算网格，数据网格的工作重心在于其中的海量数据的处理。Chervenak 等认为数据网格主要处理分布式数据密集型应用，在这种应用中需要一个提供数据访问、传输和更新存储于各个节点上的基础设施和服务[47]。因此，其核心在于海量分布式数据的存储、复制、传输、数据访问、替换等的优化。由于数据网格的跨组织、跨域的特点，其需要一些机制用于保证广域网范围内的数据高速、安全、保质的传输。与此同时，数据文件的发现机制、注册机制、分布机制等都是其中的研究重点。从使用者角度来看，数据网格应该提供一个机制来寻找可用的数据文件集，提供一种有效的手段来对海量数据进行快速传输，提供一种途径用于管理数据网格中各种数据文件的副本，以及对各种数据文件的访问权限的管理[48]。总之，数据网格为用户提供了这样一个平台，用户通过这个平台能够访问那些聚合的计算、存储和网络资源来执行需要远程数据的数据密集型应用。

下面从数据网格体系结构和几个关键问题两个角度对数据网格作进一步的介绍。

2.2.1　数据网格体系结构

图 2.1 展示的数据网格层次体系摘自 Buyya 的论文[48]，从底到上各层描述如下。

（1）基本网格设施层：包含两个基本的层级，一个为硬件物理层，另一个为基础软件。数据网格可能涉及的硬件包括集群、各种设备、网络、硬盘、SAN 网络等，而基础软件包括各种操作系统（可异构）、作业提交和管理系统（如 LSF）、磁盘文件系统（如 Gfarm）、数据库管理系统等[48]。

图 2.1 数据网格层次体系结构[48]

（2）通信层：由一系列的通信协议所组成，其目的在于借助该协议能够查询基本网络构建层上的各种资源，同时可以对数据在数据网格的各个节点上进行移动[48]。网格相关的通信协议借助于原有的通信协议和安全通信协议，如 TCP/IP、PKI、SSL 等。网格安全基础设施（GSI）[49]保证了网格中的通信安全。网格中的数据文件传输协议 GridFTP[50]用于提供一种高效的数据网格节点之间的数据传输。Overlay Structures 是指通过维护分布式索引来进行相关数据文件的有效检索。

（3）数据网格服务层：提供了数据网格的一些核心服务，如副本复制、数据发现、作业提交和管理、透明地对分布式数据进行访问和计算等，同时提供了一些用户层服务，如资源代理、副本管理、应用程序接口 API 等[48]。

（4）应用层：包含一些基本的应用工具以及各种应用。在高能物理、气候建模等应用领域，其包含了海量数据，并将这些数据存储于数据网格中。这些应用通过各种应用工具来调度数据网格服务[48]。

相比于其他学者所提出的数据网格体系结构，Buyya 所提出的数据网格体系结构更加清晰，易于理解。本章就不再对其他学者的数据网格体系结构进行一一介绍。

2.2.2　数据网格中的关键研究问题

数据网格的研究主要包括数据网格的组织方式、数据传输机制、数据副本管理与存储、资源定位与调度等。数据网格的组织方式是指数据网格中各个计算、存储节点、数据文件等采用何种方式进行拓扑结构设计；数据传输机制不仅指数据文件在各个网格节点间的传输，还包括数据访问所涉及的安全、访问控制以及传输管理问题；数据副本管理与存储是指由于数据网格中的数据文件的大量副本存在所需要的数据副本管理与存储机制；资源定位与调度是指数据网格中数据密集型作业如何对分散于各地的资源定位，以及调度器如何进行数据密集型作业的调度。

为了深入研究数据网格，本书从上述的研究领域中寻找几个适合的研究点，主要包括数据网格中副本管理中的副本替换问题、数据密集型作业调度问题、存储设备的即插即用机制问题、存储空间的按需动态扩展问题。为了便于理解，下面对本书所要研究的问题进行定位，并对当前这些方面所碰到的问题进行说明。

1. 数据网格中的副本替换问题

副本管理是数据网格中一个关键的研究领域。副本管理涉及副本分布、副本创建、多副本管理等。其中，副本替换是在副本创建过程中非常关键的步骤之一。副本替换主要关注选择本地存储节点上替换掉最合适的数据文件，使得数据网格上数据密集型作业的处理性能最佳。因此，副本替换要考虑为何、何时、如何进行替换。

从数据密集型作业调度的角度考虑，数据密集型作业往往调度到具有最小访问代价的处理节点进行处理。访问代价的计算[29, 31, 35, 36, 51-53]涉及单个数据文件的访问历史、数据网格拓扑结构、网络带宽等因素。因此，大部分学者认为副本替换主要考虑其中单个数据文件的访问历史情况。然而，这种考虑是否合理值得进一步商榷。由于数据密集型作业往往一次处理时需要多个数据文件，而不是仅仅针对某个数据文件，因此副本替换是否可以考虑多个数据文件之间的关联性的特点。本书针对这个疑问，设计并实现了一个针对关联数据文件的副本替换算法。与此同时，当前的副本替换算法存在仅仅考虑单个存储节点上的所有数据文件的访问历史情况，而忽视其副本在其他存储节点上的访问情况，因此本书又针对传统的 LFU 算法提出了一个 LFU-Min 算法。该算法强调既考虑数据文件在本地存储节点的访问情况，也考虑其在整个数据网格上的访问历史。

2. 数据网格中的作业调度问题

数据网格中的作业调度问题主要是数据密集型作业的调度问题。所谓的数据密集型作业是指这样一种作业：在对该类型作业分配处理时需要重点考虑该作业所需数据文件在网格节点的分布情况[54]。作业调度的好坏将直接影响该作业的处理效率，因此针对数据密集型作业的调度研究是当前的一大热点。当前的作业调度算法主要分为三类：系统为中心（system-centric）、基于经济（economy-based）和应用为中心（application-centric）。

Data-aware 调度是这样一种调度策略：其将数据密集型作业尽可能地调度到其所需数据文件所在的计算节点或存储节点。针对当前的 Gfarm 数据网格中缺乏有效的作业管理和调度手段的现状，本书采用 LSF 中的作业调度插件机制设计和实现了一个批模式下的数据密集型作业调度算法。

基于访问代价的调度的思想是计算数据网格上各个可能的处理节点上处理该数据密集型作业可能的访问代价，然后选择具有最小访问代价的处理节点作为最终处理节点。大量文献[29, 31, 35, 36, 51-53]探讨了访问代价的影响因素，普遍的认识是将网格拓扑结构、数据文件的访问历史及分布情况、网络带宽、节点负载等为主要的影响因素。然而，注意到当数据网格上存在着大量数据密集型作业时，由于频繁的副本替换导致了某些处理节点上的数据文件的分布情况发生了严重的变化，此时认为应将各个计算节点上的作业等待队列中的作业潜在行为考虑进访问代价的影响因素中。因此，本书针对这个问题提出了一种考虑作业等待队列中作业潜在行为的访问代价计算方法，并据此设计和实现了一个调度算法——ACPB。

3. 空间数据网格中的即插即用问题

空间数据网格作为数据网格的一个重要应用领域越来越得到研究者的重视。在空间数据网格中，空间数据呈现多维度、多粒度、海量等特点。如何对空间数据存储设备的即插即用，特别是存储设备上的海量数据资源的即插即用成为当前的研究热点。UPnP[37]研究了各种设备与网络之间如何即插即用。华中科技大学的Handy[42]集群文件系统深入地分析了当前各种集群文件系统中的存储设备的即插即用问题，提出了一个采用元数据服务环方式的存储设备动态扩展协议。然而，Handy 集群文件系统尚不支持存储设备上数据资源的自动识别和即插即用，同时不能对该存储设备上的数据资源的无缝融合。

4. 空间数据网格中的存储资源按需动态扩展问题

空间数据网格中的存储资源动态扩展问题，是指如何有效地对数据网格中各个节点的数据文件及其副本进行管理，从而提升数据密集型作业的处理性能。现有的数据网格中的数据管理文献[45, 46]强调副本管理的优化，主要涉及副本选择、数据文件访问历史记录和副本初始创建三个方面。其主要思想是，首先对数据网格节点上各个数据文件的访问情况进行记录，然后根据这些记录做出是否需要创建副本文件的判断，最后选择最佳的源节点和目标节点进行副本文件产生行为的执行。然而，当前的解决方案对分析者数据文件的使用行为特征分析不够重视，应当更加强调根据数据文件访问历史记录的行为来判断如何申请存储设备、存储空间以创建数据副本文件。

2.3　数据网格的主要项目

当前的数据网格项目由于在高能物理、地球观测科学和生物信息学等领域的科研要求而逐步得以发展。目前主要的项目包括 Globus Toolkits[13]、欧洲数据网格[12]、圣迭戈超级计算中心的 SRB[14] 和 GriPhyN[15, 55] 以及日本的 Gfarm 数据网格[9]等。

2.3.1　Globus 数据网格

Globus 数据网格是为了设计和实现一个解决数据密集型应用的网格基础设施。文献[56]指出了 Globus 数据网格的核心服务为数据访问和元数据访问。其他核心服务，如授权与认证、资源预定、性能评估等继承于 Globus 工具集。文献[57]、[58]阐述了数据网格中主要的服务 GridFTP 和副本管理服务。文献[59]阐述了数据网格中的副本选择机制。副本选择包括搜索阶段、匹配阶段和访问阶段。Globus 数据网格是一个通用的数据网格系统，为各种其他数据密集型高性能计算应用提供了基本的应用平台。

2.3.2　欧洲数据网格

欧洲数据网格（EDG）的目标是解决当前科学研究中大数据量的处理问题[12]。同时，需要大量的科学家来共同参与复杂问题的研究。EDG 的目标就是要能够对所提交的作业找出其最适合的计算节点，并将该作业所需的数据文件复制到该处理节点，最终完成该作业的处理[79]。

文献[60]讲述了 EDG 的主要项目小组组成，具体如下。

（1）负载调度和管理。

该小组主要需要开发作业分解和任务分配的策略。对于数据密集型作业，需要一个作业描述语言，用于描述作业中数据的依赖关系。对于那些存储于不同域中的异构数据资源如何进行管理以使得成千上万个来自于不同客户端的作业能够在一定的负载平衡下得到高效处理。

（2）数据管理。

该小组主要开发和演示对于全球统一的命名空间的数据的安全访问，同时对其从一个地理节点高速移动和复制到另一个地理节点，以及对远程数据副本进行同步管理。

（3）网格监视服务。

该小组主要通过实现一个本地监视工具来监视其计算结构、网络和海量存储的性能和状态。同时，这个工具要求能够在大范围内近似于实时地获得各个节点存储空间等信息。

（4）构造层管理。

该小组主要研究如何支持根据资源的可用性和性能来进行信息的发布，授权和资源定位与本地环境之间的映射机制。特别地，EDG 要求能够处理成千上万个组件。这就使得其能够解决组件的自动配置、重新配置以及容错等问题。

（5）海量存储管理。

该小组需要开发一个统一的接口用于不同节点的不同的存储系统，提供一个数据和元数据在不同节点的互换机制，以及开发一个合适的资源定位和信息发布功能。

（6）测试床、网络和应用。

该小组的主要目的是要验证 EDG 项目的可行性。

上述六个小组的工作也就实现了 EDG 项目的主要工作，进而将 EDG 项目所实现的主要功能作了罗列。

2.3.3 存储资源代理系统

存储资源代理（SRB）系统是一个非常著名的数据网格管理系统，由美国圣迭戈超级计算中心所开发[14]。在 SRB 系统中，用户看到的数据文件拥有唯一的全球逻辑名字空间并可随意使用而不用关心其物理存储地址。

SRB 数据网格管理系统能够支持分布式数据的协作管理，包括可控的共享、数据发布、数据复制、数据传输、基于数据属性的组织、数据发现及分布式数据的预定等。当前，SRB 数据网格管理系统已经成为美国、英国、日本等多个国家数据中心的数据网格管理系统。

2.3.4　GriPhyN

GriPhyN[15, 55]项目的目标是解决 21 世纪中的 P 级数据密集型应用问题。GriPhyN 关注于创建一个 P 级虚拟数据网格（PVDG），负责解决分散于世界各地的科学家的数据密集型的计算问题。其采用了虚拟数据技术来实现跨越各个组织的科学家进行物理科学方面的研究。

2.3.5　Gfarm

Gfarm 是日本产业技术综合研究所（AIST）领导的并有国际多家科研单位共同参与研制的一个数据网格中间件[9]。Gfarm 是面向全球 P 级数据密集型计算的数据网格体系结构的一个实现参考方案。它提供了一个全球访问的数据文件逻辑命名空间，同时将一个大容量逻辑数据文件进行分片，各个片段存储于不同的网格节点[9]。Gfarm 系统接收到一个作业时，首先访问其 Gfmd 来查询该数据文件所对应的片段所在的网格节点，然后客户端直接访问这些片段。采用这种方式，其实现了一个在集群和网格环境中的 P 级数据存储，同时实现了可伸缩的 I/O 带宽和可伸缩的并行处理。

2.3.6　空间数据网格

空间数据网格是数据网格在地理科学方面的主要应用。GEON[61]、SCEC[62]、LEAD[63]、ESG[64]等项目均采用了高性能计算的基础设施用于地球科学方面的研究平台。GEON 关注于地球科学领域的专家学者之间空间数据的共享和集成[61]；

SCEC 旨在通过高性能计算来预测地球地震行为[62]；LEAD 通过大气数据、预测模型、分析和可视化工具使得任何人能够交互式地分析天气情况[63]；ESG 通过网格技术、社区技术、海量分布数据和各种分析服务提供一个无缝和高能力的环境以支持下一代气候研究[64]。

2.4　本章小结

本章从网格系统开始阐述其基本内涵，并介绍了数据网格及其体系结构，指出其关键的科学研究问题。主要问题包括：①数据网格中的副本替换问题；②数据网格中的作业调度问题；③空间数据网格中的即插即用问题；④空间数据网格中的存储资源按需动态扩展问题。同时介绍了当前国际上主要数据网格研究项目，包括 Globus Toolkits、欧洲数据网格、圣迭戈超级计算中心的 SRB 和 GriPhyN 以及日本的 Gfarm 数据网格等。

第3章　数据网格中副本替换算法研究

本章首先介绍数据网格中的副本管理，接着从副本管理中引出副本替换，并简要叙述副本替换研究现状，然后提出一个基于 Apriori 算法的关联数据副本替换算法，最后提出一个基于 LFU 的全局最少使用副本替换算法。

3.1　数据网格副本管理

在数据网格（data grid）中，副本管理是其中一个重要的方面。由于在网格环境中，各种资源是分散于广域网中的各个组织中，当然与之对应的数据文件也是离散式地分布于各地的。这就要求拥有一个很好的数据文件的管理机制。为了提升数据网格中数据密集型作业的处理效率，往往将这类型的作业调度到其拥有其所需的绝大多数数据文件的节点，这就导致数据密集型作业的处理过程中会一部分访问本地节点，另一部分通过远程的方式访问其他节点。显然，为了进一步提升这种策略的处理性能，可以考虑将不在本地节点的那些数据文件通过创建副本的方式复制到该节点，然而这又导致副本的创建问题。

副本创建问题是副本管理的一个重点内容。副本在创建过程中，容易导致数据网格中多个副本的存在，同时会导致副本的选择问题，即若所需的数据的副本存在于多个网格节点之中，则应选择哪个网格节点作为源节点。当选择完合适的源节点之后，在副本的复制过程中又会因存储空间的限制产生副本的替换问题，而副本的替换问题是本章所研究的重点。因此，简单来说，本章中的副本管理主要涉及多个副本管理、副本创建、副本选择和副本替换（副本移除）。

综上所述，为提升数据密集型作业的处理性能，数据网格中的数据文件的分布情况需要优化，也就是需要进行副本管理。副本管理中会涉及副本创建和移除，副本创建则会涉及副本的选择，也就是复制时的源节点和目标节点的选择。同时，副本创建也会由于目标节点物理存储空间的限制导致副本替换的产生。副本替换的关键在于找出最佳的被替换的数据文件。

3.2　数据网格副本替换综述

副本替换（replica replacement）是副本复制（replica replication）过程中很关键的一个步骤。副本替换是由于存储节点的可用物理存储空间的限制所导致的对原有数据文件的替换。也就是删除一些将来很可能不用的数据文件，并尽可能地减少所有处理作业所需数据文件的访问颠簸。

Ranganathan 和 Foster 提出了基于 Cache 机制的六种副本复制策略，具体如下。

（1）No Replication or Caching：这种策略是指在整个作业处理过程中，数据文件不被复制，若数据文件不在本地节点，则进行远程访问。这是最原始的策略，若所提供的策略其性能比不上这种策略，则研究这种策略毫无意义[65]。

（2）Best Client：每个网格节点记录其每个数据文件的访问历史，同时设置一个阈值。若该节点的某个数据文件的访问超出了该阈值，则获得请求该数据文件最多的 Client 节点[65]。将该数据文件复制到该 Client 节点，并删除。这样，以后从该 Client 节点来访问该数据就可以访问其本地了。

（3）Cascading Replication：这是一种层次策略，它将数据网格 Root 节点和最佳 Client 节点之间建立层次关系。若对该数据文件的访问较多，则从 Root 节点复制到第二层；如果访问次数更多，则将其复制到第三层；如果访问很多，则可以直接将其复制到 Best Client 节点[65]。

（4）Plain Caching：Client 节点若远程请求一个数据文件，则迅速地复制一个副本到本地。因为数据网格节点上的数据文件都比较大，Client 节点每次仅存储一个数据文件。若需远程访问另一个数据文件，则之前存储的数据文件被替换[65]。

（5）Caching plus Cascading Replication：这是策略（3）和策略（4）的混合策

略。Client 节点首先将数据文件复制到本地存储器。Root 节点周期性地检测其数据文件的访问情况，并按照策略（3）的方式进行传播[65]。

（6）Fast Spread：若 Client 节点远程访问位于 Root 节点上的数据文件，则将该数据文件传播到整个传输路径上所有节点[65]。

上述六种基本策略从 Cache 角度对数据文件的复制进行了基本分析。副本复制的过程中必然会导致副本替换的产生。当前的副本替换策略主要分为以下几类。

（1）Cache 模型。Cache 模型是一种最传统的副本替换策略，主要包括 Least-Recently-Used（LRU）[24]、Least-Frequency-Used（LFU）[25]、Greedy Dual-Size[26] 和 LCB-K[27, 28]等。这种策略的核心思想是对单个数据文件的访问历史进行统计，然后根据统计结果来进行替换的选择。

（2）Economic 模型。Economic 模型是当前在这一领域研究最热的策略。文献[29]～[31]中详细地从数据网格环境下的数据文件的分布合理性的角度进行了分析。数据文件被视为商品，是否被替换由计算单元（computing element）和存储单元（storage element）来决定。计算单元复制某个数据文件需要交一定的费用，而存储单元则将数据文件进行拍卖来获得收益。因此，这种模型试图通过商品的市场经济行为来使得数据文件的合理分布。

（3）Popularity 模型。文献[33]通过对数据文件的访问历史情况来分析其 Zipf 分布函数，深入分析其单个文件的访问规律。其核心思想是要对单个文件的访问分布进行分析，从而得出合理而有效的副本替换机制。

（4）Prediction 和 Cost 模型。文献[35]通过将存储节点上的数据文件的访问情况统计和副本复制代价结合来对副本替换进行综合考虑。这种模型的核心思想是将数据文件的访问情况统计认为是否发生副本替换的必要条件，而将副本复制的代价视为其充分条件[35]。若某个副本复制的代价过高，则可以考虑暂时不进行副本替换。

上述四类主要的副本替换机制是当前的主要的研究方向，副本替换往往考虑诸多因素，对其影响因素的分析尚未形成定论。

3.3　ARRA：基于 Apriori 的关联数据副本替换算法

3.3.1　研究问题的提出

随着网格技术的飞速发展，数据网格作为一类非常重要的网格计算已经越来越得到学术界和企业界的重视。数据网格是一种将分布式资源的访问和管理作为首要任务的网格[24]。在数据网格中，数据密集型作业是其最重要的作业类型。数据密集型作业是指那些在整个作业处理过程中需要大量访问数据的作业，如数据挖掘、虚拟地球分析等。数据密集型作业的处理性能往往受数据文件的分布情况的影响。对于这些作业的处理，大量文献[29, 31, 35, 36, 51-53]认为将数据密集型作业调度到拥有该作业绝大多数数据文件的节点是一种有效的调度方案。在整个数据密集型作业的处理过程中，特别是针对批量数据密集型作业的处理，副本创建对于数据文件个数比较少的情形是非常有效的。在副本创建过程中，副本选择和副本替换是两个关键的步骤。副本选择的目的在于决定选择合适的源节点和数据文件，而副本替换则关注于哪个副本或数据文件应该被替换掉。一般而言，副本替换要考虑为何、何时、如何进行副本替换。

在副本创建的过程中，数据文件将会被复制到网格目标节点。由于目标节点的物理存储空间往往有限，若其可用的存储空间小于需创建的副本文件的大小，这就导致副本替换的发生。副本替换策略是为了找到最合适的替换文件，使得在将来的作业处理中较少使用，同时希望不引起整个系统的数据文件的颠簸。大量文献[29, 31, 35, 36, 51-53]探讨了副本替换策略的影响因素，如每个数据文件的访问历史、网络拓扑结构、网络带宽等。然而，这些文献更多地从单个网格节点上的单个文件的角度考虑，并没有考虑在数据网格中这些数据文件的相关性问题。本书认为在数据网格中的数据替换策略应考虑数据文件之间的相关性分析，在替换过程中尽量不要破坏具有共同访问行为的数据文件集。

在分析了数据网格中数据密集型作业的访问行为之后，本书提出一个数据网格中基于 Apriori 方法的关联副本替换算法。我们将这个算法命名为 ARRA。ARRA 算法的基本特点如下：

（1）在副本替换行为之前需要进行数据密集型作业的关联访问行为分析；

（2）根据行为特征，将一些相关的数据密集型作业分为一类作业；

（3）副本替换策略要基于数据密集型作业的访问行为的分析。

3.3.2　算法前期准备

Apriori 算法是数据挖掘领域中知名的关联规则挖掘算法。Apriori 算法主要应用于"市场篮子"分析。它是一个候选集产生和测试的算法用于寻找在市场交易行为中频繁一起购买的商品，然后得出它们之间的关联规则[66]。

Apriori 算法基于支持度和置信度框架。支持度是指某一个项集发生的频率，最小支持度是项集频繁程度的最小值。置信度是指项集中的条件概率，最小置信度是指最小的条件概率值。

Apriori 算法可以描述为两个基本步骤：

（1）找到交易中的所有频繁项集使得这些项集满足最小支持度；

（2）使用找出的频繁项集来产生关联规则，使得这些规则满足最小的置信度。

Apriori 算法的伪代码描述如下[66]：

（1）L1={large 1-itemsets};

（2）for（k=2; Lk-1≠ ; k++）do begin

（3）　　Ck = apriori-gen（Lk-1）; //New candidates

（4）　　　forall transactions t ∈ D do begin

（5）　　　　　Ct = subset（Ck, t）; //Candidates contained int

（6）　　　　　forall candidates c ∈ Ct do

（7）　　　　　　　C.count++;

（8）　　end

（9）　　　　　　　Lk={c∈Ck|c.count≥minsup}

（10）end

（11）Answer=∪k Lk;

为了更清楚地阐述 Apriori 算法，用实例来进行阐述其基本流程[67]。

从图 3.1 中可以看出，C 表示候选频繁集，L 表示事实频繁集，C_1 表示候选的频繁 1 项集，C_2 表示候选的频繁 2 项集，C_3 表示候选的频繁 3 项集，因此 L_1 表示事实的频繁 1 项集，L_2 表示事实的频繁 2 项集，L_3 表示事实的频繁 3 项集。在图 3.1 中，本书假定其最小支持度为 50%，即在 Database TDB 中的交易数据库中，频繁项集至少要出现 2 次（4×50%＝2）。Tid 表示交易的编号，Items 中的各项值表示在一次交易中所购买的商品。例如，Tid=10，Items={A，C，D}是指在编号为 10 的交易中，该顾客购买了商品 A、C 和 D。因此整个 Apriori 算法的流程描述如下[67]：

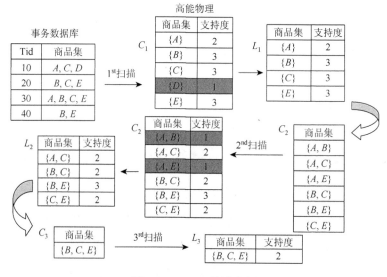

图 3.1　Apriori 算法实例

（1）第一次全面扫描交易数据库得到频繁 1 项候选集合 C_1；

（2）根据最小支持度的要求剔除 C_1 中的不频繁 1 项集，成为事实的频繁 1 项集 L_1；

（3）根据 L_1 产生其可能的候选频繁 2 项集 C_2；

（4）第二次全面扫描检验产生的候选频繁 2 项集 C_2 看其是否满足最小支持度；

（5）从候选频繁 2 项集 C_2 中剔除那些不满足最小支持度的 2 项集，最终形成事实频繁 2 项集 L_2；

（6）根据事实频繁 2 项集 L_2 产生候选频繁 3 项集 C_3；

（7）第三次全面扫描交易数据库，验证频繁 3 项集 C_3，最后得出事实频繁 3 项集 L_3。

在从事实频繁 1 项集产生候选频繁 2 项集和事实频繁 2 项集产生候选频繁 3 项集中，Apriori 算法依据以下两个基本原则：①如果某项集合是频繁的，那么其任意子集也是频繁的；②如果某项集合是不频繁的，那么该集合的任何一个超集也是不频繁的[66]。这两个原则也是 Apriori 算法的理论根据。

3.3.3　算法描述

整个 ARRA 算法分为两个基本步骤：①从"市场篮子"分析到作业行为分析；②从作业行为分析到副本替换规则。

1. 从"市场篮子"分析到作业行为分析

在数据网格中，数据文件被认为是商品，并且访问数据文件的行为等价于商品市场中该商品的交易。对于数据密集型作业，在整个作业的处理过程中，需要访问多个文件，本书认为一次作业处理过程为一笔交易，且该处理中所需访问的数据文件就认为是该交易中所购买的商品。因此，可以将商品中的"市场篮子"情形转化到数据网格中的数据行为分析。

为了聚焦研究，假定对不同类型的数据密集型作业而言，数据文件的访问行为是相互排斥的。举例来说，假定数据集 $S=\{f_1, f_2, f_3, f_4, f_5, f_6, f_7, f_8\}$ 是数据密集型作业类型为 T 的作业的最大数据访问集。作业类型为 T 的数据密集型作业只能访问数据集 S 中的任何数据文件，那么对作业类型为 T 的某个作业而言，其访问行为就可以定义为数据集 S 的某一个子集。与此同时，其他作业类型的作业不能访问数据集 S 中的任何一个数据文件。

为了更好地分析作业行为，我们给出了数据网格处理环境的一些定义。

定义 3.1　对于任意一个作业处理环境，将其描述为一个元组 JPEi，JPEi= (CEx, SEy, RBm, JQz, UIn)。CEx 为 Jobi 的计算单元（computing element），SEy 是为 Jobi 的存储单元（storage element），RBm 是其对应的资源代理（resource broker），JQz 是该作业的作业队列（job queue），UIn 是作业的用户请求（user request）。

定义 3.2　假定 $D=\{I1, I2, …, In\}$ 为每个网格节点上的所拥有的数据文件集合。

定义 3.3　假定 P 为作业处理行为集，对于每一个交易 T，$T \subseteq D$。

定义 3.4　对于每一次数据密集型任务处理，都拥有唯一标识，称为 JID。

定义 3.5　支持度（Support，s）定义为一些项一起在作业处理中出现的概率。

$$Support(A \Rightarrow B) = P(A \cup B) \tag{3.1}$$

其中，$P（A \cup B）$指的是项 A 和 B 一起出现的概率。

定义 3.6　置信度（Confidence，c）可以通过项 A 和项 $A \cup B$ 的概率得到。

$$Confidence(A \Rightarrow B) = P(A \cup B)/P(A) \tag{3.2}$$

最小支持度（min_support）和最小置信度（min_confidence）可以被管理员用户在数据网格中进行静态设置。

定义 3.7　频繁项集的频繁级别可以通过 β 值来进行设定，从而可以对不同的数据密集型作业的类别进行区别。

2. 从作业行为分析到副本替换规则

由 3.3.2 节可知，数据密集型作业的访问行为可以通过 Apriori 算法得出。在此基础上，本节进一步推出副本替换规则，基本规则总结如下：

（1）如果某个数据项集的频繁度小于最小支持度，那么其间的数据文件应该首先考虑被替换；

（2）那些拥有最小频繁程度的数据项集，其中的数据文件的访问频率越低的拥有最高的被替换优先级；

（3）如果两个频繁项集的频繁程度差不多或者近似相等，那么其中具有小容量的项集将优先被替换；

（4）如果某个数据项集已经满足最小支持度，那么从置信度角度来看，拥有最小置信度的数据项应该首先被替换；

（5）在每次的副本替换过程中，仅有一个数据文件被替换，如此反复直到能够满足副本创建所需的存储空间。

副本替换算法的伪代码演示如下：

```
(1) SatisfiedFlag=true;
(2) RequiredSpace=newFile.size () -avaiableSpace ();
(3) DeletedSet;
(4) if (existed no frequency data files) {
(5)        do{
(6)            if (existed no frequency data files) {
(7)                lfr=Select the least frequently used
                   replica
                   from the non-frequent item set;
(8)                RequiredSpace=RequiredSpace-lfr.size();
(9)                DeletedSet.put (lfr);
(10)           }else{
(11)               SatisfiedFlag=false;
(12)           }
(13)       }while{RequiredSpace<=0};
(14) }
(15) if (SatisfiedFlag==false) {
(16)     for (int i=0; i<FrequentSet.level (); i++) {
(17)         mfs=Select the minimal length frequent set
```

```
                      from the frequent set in this level;
(18)          for (int j=0; j<mfs.length; j++) {
(19)                  mcf=select the minimal confidence
                      data file from the mfs;
(20)                  RequiredSpace=RequiredSpace-
                      mcf.size ();
(21)                  DeletedSet.put (mcf);
(22)                  if (RequiredSpace<=0) {
(23)                      SatisfiedFlag=true;
(24)                      break;
(25)                  }
(26)              }
(27)      }
(28) }
(29) If (SatisfiledFlag==true) {
(30)      Delete all data files in DeletedSet;
(31) } else{
(32)      DeletedSet.clear;
(33)      Abandon this replica replacement;
(34) }
```

3.3.4　模拟实验

OptorSim[22]是一款数据网格模拟软件。其以数据网格为基础，计算资源被描述为计算单元(computing element)，存储资源被描述为存储单元(storage element)，副本优化器（replica optimiser）负责本地节点的副本管理的优化，资源代理器（resource broker）负责作业的调度。其具体的体系结构如图3.2所示。

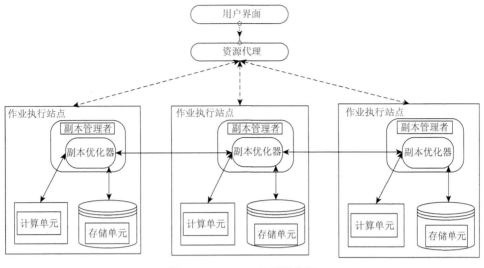

图 3.2　OptorSim 体系结构图

实验选用 CMS 网格，其模拟拓扑结构图如图 3.3 所示。

实验设置包括网格拓扑结构配置和数据密集型作业配置，下面对这两个实验环境配置进行简要说明。

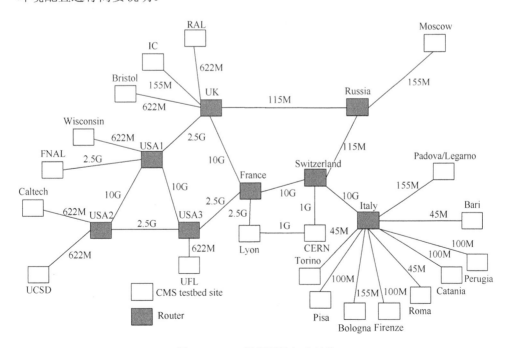

图 3.3　CMS 数据网格拓扑结构

由表 3.1 可知，那些所需要的数据文件数目较多的作业类型具有更高的被选中的概率。每个作业类型的被选中的概率是指数据网格中出现的概率。例如，最后一个作业类型 zbbbarjob 被选中的概率为 25%，这表示该作业有 25%的可能性发生。如果总共提交了 1000 个作业，那么将有 250 个左右的作业是 zbbbarjob 类型的作业。zbbbarjob 类型的作业最多访问其中的 5 个数据文件。

表 3.1　数据密集型作业配置

作业类型	数据文件个数	被选择概率/%
jpsijob	3	15
highptlepjob	1	5
incelecjob	2	10
incmuonjob	4	20
highptphotjob	5	25
zbbbarjob	5	25

3.3.5　实验结果与分析

为了评估 ARRA 算法的效果，所有数据密集型作业的平均处理时间、远程数据文件访问次数和网络有效使用率三个指标被选为评估指标。与传统的基于 Cache 模型的 LFU 算法相比，其实验结果如图 3.4～图 3.6 所示。

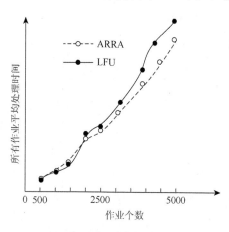

图 3.4　所有数据密集型作业的平均处理时间

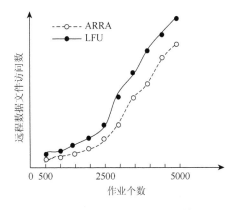

图 3.5　远程数据文件访问数

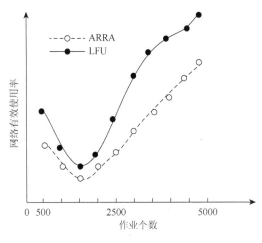

图 3.6　网络有效使用率

由图 3.4～图 3.6 可知，ARRA 算法与 LFU 算法相比具有明显的优势。从平均作业处理时间角度看，随着作业数的增加，ARRA 和 LFU 的所需的处理时间都在增加，但是 ARRA 算法所需的处理时间随着作业数的增加相比于 LFU 算法所需的时间越来越少。因此，从这个角度可以看出 ARRA 算法相比于 LFU 算法具有较好的性能。从远程数据文件的访问数的角度看，随着作业个数的增加，ARRA 和 LFU 算法需要远程数据文件访问数也在增加，但 ARRA 算法比 LFU 算法所需远程数据访问数明显较少。由于远程数据文件访问数的减少，因此 ARRA 算法相比于 LFU 算法，它的网络使用率减少了，所以网络带宽的使用减少了。

　　ARRA 算法从数据网格上的数据文件的被访问规律研究的角度出发，认为单个数据文件的替换不应该被单独考虑，而应该从多个数据文件的组合被使用的角度考虑。ARRA 算法所给出的副本替换规则将优化每个网格节点上的作业处理类型。那些较少被使用且孤立的数据文件将被优先替换掉。因此，随着作业数的增加，数据文件之间的创建和替换数也就随之减少了。

3.3.6　本节结论

　　在数据密集型作业的处理过程中创建副本是一种有效的提升其处理性能的策略。副本替换则是副本创建中的一个非常重要的环节。许多研究者将目光集中于基于单个数据文件的访问历史记录的副本替换策略。然而，多个数据文件之间的相关性也应该被认为是一个重要的影响因素。本章提出了一个关联副本替换算法 ARRA，该算法采用了 Apriori 方法来获得数据文件之间的关联规律。ARRA 算法的实现分为两个基本步骤：第一步分析不同类型作业的不同数据文件的访问行为；第二步在数据访问行为分析的基础上产生副本替换规则和执行策略。为了评价 ARRA 算法的性能，在 OptorSim 数据网格模拟器中与 LFU 算法进行对比并验证数据密集型作业的处理效率。模拟对比实验表明，ARRA 算法在所有作业平均处理时间、远程数据文件访问数和网络有效使用率方面均比 LFU 算法具有优势。

3.4　LFU-Min：基于 LFU 的全局最少使用副本替换算法

3.4.1　副本替换问题提出

　　数据网格是将分布式数据资源的访问和管理视为首要的处理内容的一类网格[24]。副本管理是数据网格中的一项关键技术，而运行于数据网格上的作业往往是数据密集型作业。数据密集型作业的处理效率受数据文件的严重影响，因此数据密集型的作业调度一般都将作业直接调度到其所需的数据文件所在的网格节点上。然而，拥有全部这些数据文件的网格节点往往很少，且作业任务繁重，一般都调度到拥有绝大多数所需数据文件的网格节点。同时，由于网格节点上的存储空间往往有限，因此有必要研究数据网格节点上的副本替换策略。

基于 Cache 模型的副本替换策略主要考虑如何进行分级替换。一些传统的副本替换机制，如 LRU[24] 和 LFU[25, 68] 等算法，针对单个存储节点上所拥有的数据文件的访问统计情况进行分析。不同的 Cache 模型的副本替换策略对数据文件的访问情况的统计结果进行了不同的解决方案。然而这些策略往往局限于单个节点，却忽视了整个数据网格节点上数据文件的访问情况的全局分析。在数据网格中，作业往往被调度到拥有该作业最多的数据文件的节点进行处理，然而这些节点往往会比较繁忙。这就导致以下不合理情形的发生：假设 A 节点和 B 节点都拥有数据文件 file1，需要文件 file1 的作业 J 既可以调度到 A 节点也可以调度到 B 节点。如果 A 节点一直都处于高负载情况，则作业 J 将被分配到 B 节点，这就导致 A 节点上的数据文件 file1 访问次数被严重减少。因此，可以认为某个数据节点上某数据文件的不频繁不能直接断定其在整个数据网格的不频繁。

副本替换算法应主要考虑以下三个方面的问题：

（1）副本替换有哪些影响因素；

（2）何种情况可以替换副本；

（3）如何进行副本替换。

3.4.2　LFU 算法简述

LFU 算法本质上是一种根据过去的访问规律去预测将来的访问规律的算法[68]。LFU 算法是一种基于使用频繁程度的副本替换策略，其假定近期文件的引用次数越多，则将来的引用次数也越多。其算法可描述为对于提交到本地节点的作业，若其所需要的数据文件不在本节点，就需要将其复制到本节点，若此时本节点的存储空间不够，则替换近期最不经常使用的副本以获得可以存储该数据文件的空间。LFU 副本替换策略存在的问题是其不能区分在给定的近期时间段内频繁分布情况，即难以区分是早期频繁，还是最近频繁。因此，LFU 算法对负载的变化情况没有很好的适应，而负载的变化情况对即将采取的副本替换非常有价值。

在数据网格中，文献[69]认为副本替换策略应考虑以下几个因素：

（1）数据网格拓扑结构；

（2）数据文件分布情况；

（3）网络带宽；

（4）各节点的负载情况等。

LFU 算法仅考虑过去访问规律对将来访问规律的预测，即侧重于考虑本节点的负载情况，而忽视了数据网格的拓扑结构及数据文件分布情况等因素。因此，本书给出的 LFU-Min 算法，其基于最基本的 LFU 算法，同时考虑数据文件的网格分布情况。

LFU-Min 算法思想如下。

（1）采用 LFU 算法获得本节点上最近最不频繁使用的数据文件集 S 作为待替换的数据文件集，并确保 S 集合中的数据文件的总大小与该节点上现存的可用存储空间之和为新创建的数据文件大小的 K 倍（其中 $1<K<2$，可由用户自定义）。

（2）对于集合 S 中的每一个数据文件，根据其在整个数据网格上副本的个数由少到多进行排序得到一个链 T。

（3）反复累加链 T 中的数据文件大小直到满足其和与现存可用存储空间的总和大于或等于新创建文件大小。

LFU-Min 算法伪代码如下。

输入:Dt——时间段,表示从当前一直往前多长时间。

输出:本节点上应替换的数据文件集合 filesToDelete。

(1)//步骤 1,获得 LFU 待替换文件集;

(2)lfuDelete=getLocalLFU(Dt);

(3)//步骤 2,获得 lfuDelete 中的每一个副本文件在整个数据网格中的个

数,并存入 replicaCount 中;

(4)do{

(5)Count=getReplicaNumber(lfuDelete.fileName);// 获 得
lfuDelete 中的文件在整个数据网格中的个数;

(6)replicaCount.put(lfuDelete.fileName,Count);// 存 入
replicaCount;

(7)while(lfuDelete.size()==0);

(8)//步骤 3,对 replicaCount 进行排序得到 orderedReplicaCount;

(9)orderedReplicaCount=replicaCount.sort();

(10)//步骤 4,对 orderedReplicaCount 统计其存储空间直至其和大于
预创建的数据文件大小,返回 filesToDelete;

(11)availableSpace=getAvailableSpace();

(12)do{

(13)availableSpace+=orderedReplicaCount.next().fileSize();

(14)filesToDelete.add(orderedReplicaCount.next().fileName());

(15)}while(availableSpace<=newFile.size());

(16)return filesToDelete

3.4.3　模拟实验

OptorSim[22]是一款由 Java 语言开发的数据网格模拟软件。其具体的体系结构
如图 3.2 所示。实验选用 CMS 网格,其模拟拓扑结构图如图 3.3 所示。

实验的模拟环境其他情况如下。

(1)硬件情况:CPU 2.80 GHz,512MB 内存。同时, 假设除了 FNAL 和
CERN 之外,其余各个数据网格节点的存储单元的存储空间为 50GB。

(2)作业情况:总共有 6 种作业,作业的情况如表 3.2 所示。

表 3.2   数据密集型作业情况表

作业类型	数据文件个数	被选择概率/%
jpsijob	12	5
highptlepjob	2	50
incelecjob	5	30
incmuonjob	14	5
highptphotjob	58	1
zbbbarjob	6	9

注：每个数据文件的大小为 1GB。

（3）初始数据分布情况：所有数据都存储于 CERN 网格节点，将 CERN 节点视为所有数据文件的最初始的源节点。

由表 3.2 可知，我们对作业的环境的假设是：所需文件个数多的作业，其被选中的概率越小。如其中的 highptphotjob 所需数据文件的个数为 58 个，其被选中的概率为 1%。同时假定若选中了某个作业，那么其必须要使用其所需的所有文件。

3.4.4   实验结果与分析

本书将 LFU-Min 算法与 LFU 算法进行对比测试。为了更好地进行对比，每个被提交的作业访问数据的方式都是顺序访问，同时设定 Resource Broker 的作业调度策略为根据网格节点的作业队列长度来决定调度。本书对 LFU-Min 算法和 LFU 算法分别对 500 个、1000 个、1500 个和 2000 个作业数进行了测试，测试指标为作业平均执行时间和网络使用效率情况。测试结果情况如图 3.7 和图 3.8 所示。

如图 3.7 所示，LFU-Min 算法的作业平均执行时间在作业数 1000 之后呈现增长趋势；而在作业数 2000 以下，LFU-Min 的作业平均时间则少于 LFU 算法的作业平均时间。

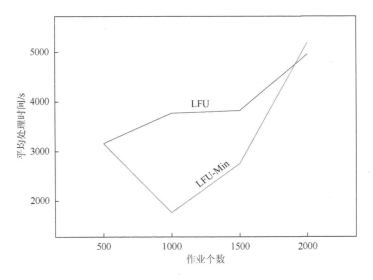

图 3.7　LFU-Min 和 LFU 算法作业平均时间

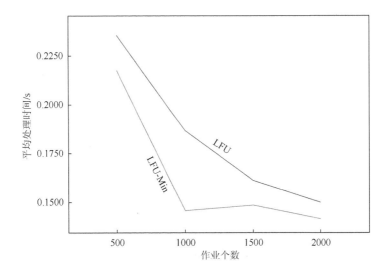

图 3.8　LFU-Min 和 LFU 算法网络使用情况

　　如图 3.8 所示，LFU-Min 算法在 CMS 网格中的网络使用率比 LFU 算法小，即网格中副本创建频繁程度较低，从而降低了网格的负载。当作业处理数量为 1000 个时，网络使用率最低，表现出较好的性能。

3.4.5　本节结论

副本管理是数据网格的关键技术之一，而副本替换策略是副本管理的关键。本书对传统的 LFU 替换算法进行了改良，认为在副本替换时应考虑其整个数据网格的副本分布情况，从而设计并实现了 LFU-Min 算法。这种设计思想减少了某个数据文件在整个数据网格上是频繁的，而在某个数据网格节点上是不频繁的就被轻易替换掉的可能性，从而尽可能多地保留在整个数据网格上的频繁的数据文件的分布点。实验表明：在本书所给出的作业类型和作业选择机制的情况下，LFU-Min 算法在网络有效使用率上表现出较好的性能，并能减少 CMS 网格中的副本复制次数，从而可以在一定程度上缓解网络阻塞；在所有作业平均执行时间方面，LFU-Min 算法在 2000 个作业数以内时表现出较好的性能，同时表明在 2000 个作业数之上时呈现上涨趋势。

3.5　本 章 小 结

为了研究数据网格中的副本替换算法，本章首先简要介绍了副本管理，然后阐述了当前的副本替换的研究现状，最后给出了两个不同的副本替换算法。基于 Apriori 的关联数据副本替换算法考虑了数据密集型作业行为对副本替换的影响，认为在大量的数据访问的行为中，不应当仅仅考虑单个数据文件的统计分析，也应当考虑多个数据文件的相关分析。基于 LFU 的全局最少使用副本替换算法则考虑了单个数据文件在某个节点的访问情况并不能合理地反映其在整个数据网格系统的访问情况，在候选的那些具有较低使用频率的数据文件集中，应当优先替换那些在全局都不频繁使用的节点。

ARRA 算法是在分析现有副本替换的算法的基础上，认为当前针对单个节点的单个数据文件的统计分析来设计副本替换存在不合理性。本书认为应该分析数据网格中作业访问数据的特点，来寻找不同的数据类型，然后再决定如何替换。

为了区分不同的数据类型，本书根据数据被访问的特点来进行区分，并认为访问同一个数据文件集的作业为同一类作业。本书采用数据挖掘中的 Apriori 算法来对作业的访问行为进行分析，然后根据数据文件的频繁项集以及其上的置信度分析，来找到合适的副本替换数据文件。在 OptorSim 中的实验表明：ARRA 算法相比于传统的 LFU 算法，在平均作业执行时间、远程数据文件访问数和有效网络使用率方面都具有明显优势。特别地，ARRA 算法能够有效地控制数据网格节点上的数据文件的恶意替换，从而减少数据文件的颠簸。

本章对原有的 LFU 替换算法进行改良，设计了 LFU-Min 算法。实验表明：在本书所给出的作业类型和作业选择机制的情况下，LFU-Min 算法在网络使用率上表现出较好的性能，能减少 CMS 网格中的副本复制次数，可以在一定程度上缓解网络阻塞；在作业平均执行时间方面，LFU-Min 算法在 2000 个作业数以内时表现出较好的性能，同时表明在 2000 个作业数之上时呈现上涨趋势。在以后的工作中，应进一步缩小副本分布区间，能在 CMS 网格的局部区域内统计副本个数，从而减少整个系统开销，进一步减少作业的平均执行时间。

本章的创新点在于：在副本替换的研究中，本章将数据网格系统中的数据文件的全局性和关联性作为两个影响副本替换策略的重要因素。数据网格中数据文件之间的关联关系的识别和对应的替换规则的应用导致了 ARRA 算法的产生，ARRA 算法使得数据网格系统中数据文件的恶意替换的减少，从而使得网络的有效使用率的提高。数据网格中的数据文件在各个节点的访问情况的整体分析导致了 LFU-Min 算法的出现，该算法对副本替换的合理性进行了重新解释，并取得了较好的效果。

本章的意义在于：为副本替换的研究指出了两个需要考虑的影响因素，并用相关的算法进行了验证。同时，数据挖掘算法的引入，也为研究这一领域的学者提供了一个新的思路。

第4章 数据网格中数据密集型作业的调度算法研究

为了研究数据网格中数据密集型作业的调度策略，本章首先介绍数据密集型作业及其特点，然后简要介绍基于负载平衡的作业管理工具（LSF）和数据网格系统（Gfarm），最后给出两个不同的密集型作业的调度策略。第一个算法关注于LSF 和 Gfarm 之间如何进行批量数据密集型作业的调度问题，第二个算法针对基于访问代价对数据密集型作业的调度。

4.1 数据密集型计算

在高性能计算领域，数据密集型计算与计算密集型计算一样都是值得重点研究领域。数据密集型计算主要处理数据密集型作业。在数据网格中，主要的作业类型就是数据密集型作业。所谓数据密集型作业是指拥有这样一种本质的作业：在对这类作业分配处理节点时需要重点考虑该作业所需数据所存的网格节点[54]。同时，所需处理的数据量往往是 T 级，甚至是 P 级数据。这些大容量的数据往往存在于各种不同的应用领域，如科学研究、生物信息、计算机安全、社会计算和商业领域等。

就数据密集型计算的主要类型而言，可进行如下划分[70]。

1. 数据流水线处理模式

图 4.1 展示了数据流水线处理模式的基本处理流程。在科学研究领域，来自于各种科学设备及模拟器中的数据将被获取并大量存储。对待这些大容量数据的处理，首先需要对其进行数据预处理以清除其中的噪声数据等，然后需要对初始处理之后的数据进行进一步的复杂处理以获得对该大容量信息的基本知识和摘要，最后将这些归纳或分析之后的信息或摘要通过图形化工具对分析者进行展示以方便分析[70]。

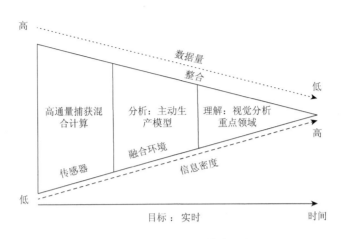

图 4.1 数据流水线处理模式示意图

2. 数据仓库模式

数据仓库技术已经广泛应用于商业领域。主流的数据仓库供应商已经提供能够处理 P 级数据的数据仓库。通过数据仓库，使用者能够对各种处理事务进行分析，从而进一步了解企业的经营状况。

3. 数据中心模式

伴随着互联网的快速发展，网络搜索企业特别是谷歌和雅虎已经开始开发 P 级数据中心。大容量的数据存储于大量的地理分散的数据中心上，每个数据网中往往有超过 10 万个存储节点。特别在最近几年，面向数据中心解决方案的云计算技术的快速发展，这种数据密集型计算类型得到了快速发展。

数据密集型计算的一个重要应用领域在于数据网格（data grid）。数据网格[71]是一种分布式的基础设施并具备存储大容量本地数据集，复制远程数据文件到本地存储，并具有远程访问不能复制到本地节点的能力。在数据网格中，大部分的应用情形都可以访问和复制大容量数据，而往往不需要修改这些大容量数据。因此，在数据网格中的数据密集型作业主要是面向大容量数据的访问和复制以便于访问等方式进行处理的一类作业。

4.2　研　究　概　述

网格中的调度问题主要是考虑如何将作业分配到适合的处理节点。对于计算密集型作业往往将作业调度到具有强计算能力的处理节点，而对于数据密集型作业则需要考虑将该作业调度到具有其所需数据文件的处理节点。调度算法可以根据不同的标准进行分类，若根据不同的性能目标、调度系统或算法可以分为系统为中心（system-centric）、基于经济（economy-based）和应用为中心（application-centric）的系统。

系统为中心的调度系统关注于整个网格系统上的所有作业的整体处理性能。Condor 的目标就在于如何通过获取空闲站点来分享作业执行来提升整体作业的处理性能[16]。Condor 的调度策略介于集中和非集中之间的模式。对于调度中的作业，每个站点自身负责维护一个本地作业队列用于执行和调度作业到其他空闲节点来共同完成作业的执行[16]。

Condor-G[17]继承了 Condor 和 Globus 工具集[72]的优点。Globus 工具集是一个建立在跨越多个管理域的网格环境之上的软件基础设施，用于支持软件管理、安全文件传输、资源发现、安全认证和授权[72]。Condor-G 在 Condor 的基础上实现了一个网格的中间件，该中间件充分利用了 Globus 工具集所提供的功能实现了能够充分利用跨越多个研究机构或组织的空闲站点资源[72]。

基于经济模型的调度系统是基于市场经济理论。在这种模式下，调度决策基于经济模型的结论。Nimrod/G 实现了一个在数据网格环境中的生产者和消费者的关系机制[10]。经济模型包括商品市场模型（commodity market model）、发布价格模型（posted price model）、谈判模型（bargaining model）、投标/契约网模型（tender/contract-net model）、拍卖模型（auction model）、基于投标比例资源分配模型（bid-based propotional resource sharing model）、买卖模型（trading model）和垄断/市场控制模型（monopoly/oligopoly model）[2]。这些模型采用不同的市场机制来评价副本复制、替换以及远程访问的代价。

面向应用为中心的调度系统努力使单个作业的处理性能达到最大化。适应性调度模型,例如 AppLeS[18],是一种非常重要的以应用为中心的调度系统。AppLeS 聚焦于运行时的资源可用性和用于并行元计算的调度代理的开发[18]。每个调度代理通过任务映射机制来实现。对于调度决策,调度代理将会根据系统中的各个节点的负载预测和动态资源可用性情况,并结合不同作业的不同需求来综合考虑调度决策[18]。为获得更精确的动态资源可用性和其他影响因素的信息,AppLeS 采用 NWS(network weather service)[73]来监视这些变量信息。

基于访问代价的调度模型,例如 Chameleon[74],是以应用为中心的调度决策中的一种。Chameleon 通过网格环境中拥有数据文件的节点和进行作业任务处理的节点的关系来计算访问成本[74]。作业根据访问代价被调度到不同的网格节点。我们又可以将基于访问代价的调度算法根据是否采取预测机制将其分为两类:一类采用预测机制;另一类则不采用预测机制。采用预测机制的以应用为中心的调度算法[19-21]使用统计方法来预测资源的行为。这些传统调度策略往往采用统计的方法,具体如下。

(1)Schopf 和 Berman[21]提出了一个随机调度方法在作业运行时期调度输入数据到作业节点。该算法假设预测作业完成时间遵循正态分布,并且调度器将把作业调度到拥有更高的能力(power)和更低的变异(variability)的网格节点[21]。这种预测方法最大的局限在于对预期作业完成时间遵循正态分布的假设,因为每个作业完成时间的行为是未知的。

(2)Yang 等[19]引入了区间预测和区间方差预测作为两个更精确的度量以取代在文献[21]中所提出的方法。若数据网格拥有更小的区间方差,则被认为更加"可靠",所以调度器将会尽可能少地调度一些作业到拥有更大区间方差的网格节点[19]。

(3)Vazhkudai 和 Schopf[20]采用一种回归技术用于预测网格系统中的数据传输情况。它采用线性回归模型、准线性回归模型或多项式回归模型来预测应变量。

在 OptorSim 中,有两种主要的基于访问代价的调度算法[22, 23]:访问代价调度算法(access cost scheduling algorithm,AC)和队列访问代价调度算法(queue access cost scheduling algorithm，QAC）。

AC 算法调度数据密集型作业到拥有最少访问代价的访问节点[22]。访问代价是一个估计值，其值基于网络的状态，用于评价作业在处理时获得所有所需文件所需付出的成本。AC 算法考虑数据文件分布的重要性，然而其忽视了来自每个网格节点上的作业等待队列中作业潜在行为的影响。4.4 节所提出的调度算法 ACPB 是来自于传统的基于访问代价的调度算法。与 ACPB 调度算法相比，AC 算法假定每个网格节点的数据文件在每个作业被调度时和其被执行时的分布是相同的，然而这种假设是不合理的，因为在对数据密集型作业的处理中往往导致大量的副本替换，从而导致数据分布情形的动态变化。所提出的 ACPB 算法认为这两种时刻数据文件分布的不同，并将每个网格节点的作业等待队列的潜在行为作为一个重要影响因素来计算访问代价。

队列访问代价调度算法将数据密集型作业调度到在作业等待队列中所有作业总访问代价最小的网格节点[22]。对于等待队列中的每个作业，其访问代价的计算方法与 AC 算法一致。然而，这种算法同样忽视了在这个等待队列中作业的潜在行为所导致的数据分布环境的变化对最后访问代价的影响。

总之，上述这两种在 OptorSim 中的调度算法关注于如何计算传统访问代价。然而，它们都忽视了在网格节点上的作业等待队列中的作业在调度时和运行时在该节点上数据文件分布的变化，而这种变化却由于副本替换的发生而经常发生。因此，有必要去探索其中的原因。假定网格节点上的副本替换策略和等待队列中的队列长度是引起数据分布的变化的两个主要影响因素。

为验证这个假设，也就是频繁发生的副本替换将显著地影响访问代价，本章提出一个考虑作业潜在行为并基于访问代价的作业调度策略。在 OptorSim 数据网格模拟器中，将基于传统访问代价的 AC 算法和提出的 ACPB 算法进行了比较实验。

与当前的其他的工作相比，ACPB 算法的主要贡献在于：每个网格节点上的作业等待队列中的潜在行为被认为是访问代价的一个重要影响因素，这直接有助于在作业调度时刻获得一个更精确的、更真实的访问代价的预测值。

Gfarm[9]是一个典型的数据网格，其擅长于数据文件的组织和管理。LSF[75]是一个基于负载平衡的批作业管理器。Data-aware 调度算法是数据网格中一类非常重要的调度策略，其核心思想是将数据密集型作业调度到拥有其所需的数据文件的节点进行处理。因此，Data-aware 调度算法也是一种基于访问代价的调度算法，在 4.3 节中将详细介绍如何将 LSF 应用于 Gfarm 中的数据密集型作业调度，其主要贡献在于为批模式数据密集型作业在数据网格上的调度和管理提供一种解决方案。

4.3　数据密集型作业在 LSF 和 Gfarm 中的 Data-aware 调度算法

4.3.1　问题提出

在网格计算领域，数据网格作为其重要的一个分支，其关注于大数据的处理。数据网格上运行的作业大部分是数据密集型作业，所以如何调度和管理这种类型的作业就越发重要。在计算网格领域，计算密集型的作业调度和管理已被很多现有产品所实现，如 Condor[76]、LSF[77]、SGE[78]、PBS[79]等。计算网格在调度方面的研究较为深入，而数据网格却缺乏有效的作业调度与管理工具。

数据密集型应用主要包括的领域有高能物理、宇航和生命信息等。相比于计算网格，数据网格上的数据密集型作业的执行机制有所不同，因为其需要对大型分布式数据进行访问、存储和管理等操作。因此，这些就导致了数据在计算网格环境和数据网格环境中的不同[2]。

Gfarm 数据网格提供了一种复制功能和高速传输功能的机制。然而，其在作业调度方面确实是低效率的，且并不能支持批作业模式的作业。基于上述问题，本书提出一个针对数据网格中批模式作业的 Data-aware 调度算法。该算法通过 LSF 的调度插件的方式来实现，并最终通过真实的作业调度来验证其效率。

Data-aware 调度就是将作业调度到最适合处理的节点，这些节点往往都拥有该作业处理所需要的数据文件。LSF 是一个批模式作业调度和管理工具，因此本书尝试将 LSF 和 Gfarm 进行结合。本书将批模式的作业根据一个批作业中作业数的多少分为两类。其一为少量批模式作业（few-batch-mode-job），其二为大量批模式作业（mass-batch-mode-job）。针对这两种不同类型的批模式作业，采用不同的调度策略。为设计这些策略，我们考虑了在不同作业情景下的影响因素。

4.3.2　前期准备

为了更好地阐述本书所提出的调度算法，首先需要介绍一下 LSF 和 Gfarm。

1. LSF

LSF（load sharing facility）是一款由 Platform Computing 软件公司[75]开发的商业作业调度器。其可在不同体系结构的系统上运行（执行）批量作业。文献[77]提出了 LSF 负载共享管理的基本雏形。文献[77]探讨了在大范围的、异构的分布式计算机系统中的负载平衡问题，并采用了可扩展调度算法用于安装在各种硬件上的各种 UNIX 操作系统上的负载平衡。LSF 是在 UTOPIA[77]系统之上实现的。对于 UTOPIA 系统，其包括 Load Information Manager（LIM）、Remote Execution Server（RES）、Load Sharing Library（LSLIB）和 Load Sharing Applications（LSA）。它们之间的关系如图 4.2 所示。

LIM 运行于每一个主机上，LIM 负责收集本地的负载信息，同时与其他主机上的 LIM 进行负载信息的交换。RES 提供透明远程任意作业的执行机制。LSLIB 是一个程序运行库，用于负载共享应用开发。

为了更好地对多种调度策略的支持，LSF 将作业调度框架设计为插件机制，如图 4.3 所示。

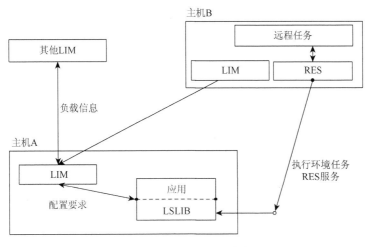

图 4.2　UTOPIA 系统基本架构

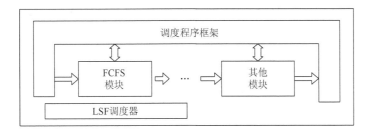

图 4.3　LSF 调度器框架

由图 4.3 可知，对于 LSF 调度器，其主要包括两个部分：LSF 调度框架和各种调度模块。LSF 调度框架为调度算法提供调度所需的最基本的信息，同时 LSF 调度框架提供了大量的调度插件。这些调度插件可以按照先后的顺序进行多次调度，也可以指定某一个调度插件进行作业调度。因此，这种机制极大地方便了调度模块的设计。

2. Gfarm

Gfarm 是日本 AIST 领导的并有多家单位共同参与研制的一个数据网格中间件[9]。Gfarm 是一个面向全球 P 级数据密集型计算的数据网格体系结构的实现参考方案。它提供了一个 Gfarm 网格文件系统以实现在集群和网格环境中的 P 级数据存储，并实现了可伸缩的 I/O 带宽和可伸缩的并行处理[9]。

  Gfarm 系统是一个分布式存储系统，其由商业个人计算机的本地存储所组成[80]。如图 4.4 所示，其展示了 Gfarm 系统的基本组成。文献[81]、[82]阐述了 Gfarm 的体系结构，具体描述如下：各个 Gfarm 的文件系统节点通过自身的本地存储空间提供 Gfarm 系统存储空间。Gfarm 元数据服务器管理着各个 I/O 存储节点的元数据，同时数据密集型作业通过作业调用方法在此启动，并且负责回答来自客户端的查询。每个 Gfarm 系统节点即可扮演 I/O 存储节点角色，也可扮演客户端节点角色。因此所有节点在 Gfarm 系统中整个形成一个大的磁盘空间。当 Gfarm 客户端访问 Gfarm 文件系统中的某一个文件时，需要首先访问 Gfarm 元数据服务器，由元数据服务器告知该文件的存储节点，最后该客户端与存储该数据的节点直接进行 I/O 访问。同理，对于查询某个数据文件存储于哪些存储节点以及数据密集型作业的相关信息都需要首先访问 Gfarm 元数据服务器。元数据缓存服务器是为了加快客户端的应用程序和 Gfarm 元数据服务器之间访问的速度而引入的。Gfsd（Gfarm file system daemon）是指运行于各个 I/O 存储节点的守护进程；Gfmd（Gfarm filesystem metadataserver daemon）是指运行于元数据服务器上的守

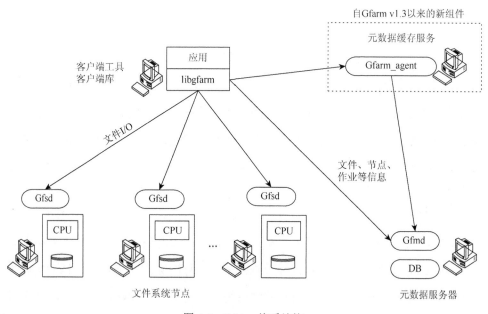

图 4.4 Gfarm 体系结构

护进程；libgfarm 是 Gfarm 文件系统 API 函数库，包括 Gfarm 文件系统的访问、文件复制以及文件导向的处理调度等；Gfarm 命令工具集，包括 gfls、gfrm、gfwhere、gfrep 等[81, 82]。

4.3.3　算法描述

1. LSF 调度器的插件机制

LSF[75]是一个基于负载平衡的作业调度和管理工具。同时，它具有一个插件调度框架用于扩展各种调度策略以满足各种不同的调度需求。作业调度的目的是作业处理能够获得更高的性能，因此针对不同的调度需求来设计不同的调度策略是必然的选择。

图 4.5 描述了 LSF 调度的插件机制。Data-aware 调度模块接收来自于集群中每个节点的可用资源和负载信息，以及来自于 Gfarm 数据网格系统中的数据文件相关信息。Data-aware 调度模块根据这些收集到的信息来作出调度决策以确定如何调度不同的批量作业到不同的处理节点上。LSF 调度框架仅仅提供最基本的信息，这些基本的信息包括集群和数据网格中的可用资源信息和负载信息。本书假设集群和数据网格所使用的计算机系统可以重叠。

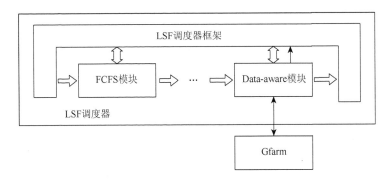

图 4.5　LSF 调度器的插件机制

2. Data-aware 调度体系结构

对于 LSF 调度器，Data-aware 模块仅仅是其中一个调度插件。对于 LSF 的输入，拥有可用数据副本的轻量负载节点和在作业管理器中的批量作业是其两个主要的输入参数。对于 Data-aware 模块的输入，其从 Gfarm 数据网格系统中获得数据副本的信息和可用存储资源信息。那么对于 Data-aware 模块的输出，其输出一系列调度决策，如作业调度、调度执行命令、预订处理节点和副本创建等[83]。图 4.6 详细地展示了 Data-aware 调度器的基本框架。

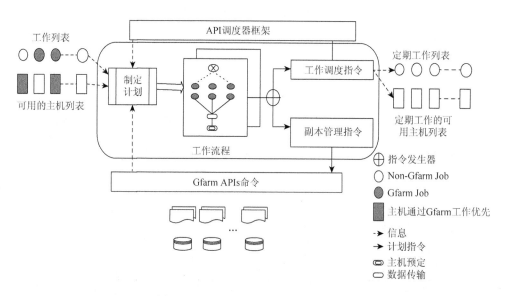

图 4.6　Data-aware 插件模块体系结构

3. Data-aware 调度模式

Data-aware 调度策略具备两种模式：联机模式（online mode）和批量模式（batch mode）。本书的目的在于如何有效地提升批量模式下的作业处理性能。在数据网格环境中，批量的数据密集型作业是一种常见的情形。根据批量模式中作业数的多少，又将批量模式下的数据密集型作业分为少量批模式作业和大量批模式作业。

因此，这两种类型作业的区别就在于一批作业数据的多少。现在假定这两种作业的区别的阈值是 5，也就是说，若一批作业的数目少于 5，那么该批作业就属于少量批模式作业，反之大于 5 为大量批模式作业。当然这个阈值可以在 Data-aware 调度模块的配置单中进行静态设定。

对批量模式的作业进行细分的理由在于对这两类不同作业采用不同的调度策略。若提交的批作业为少量批模式作业，假定在少量批模式作业中的数据密集型作业是相互独立的，且它们所需要的数据文件往往存储在同一个节点中。

整个调度流程包括四个阶段：匹配阶段（match phase）、排序阶段（sort phase）、分配阶段（allocation phase）、结果通知阶段（result notification phase），具体如下。

（1）匹配阶段：所有批模式的作业被 Data-aware 调度插件过滤以找到与 Gfarm 相关的批作业。在这少量批模式作业中，所有需要相同数据文件的作业被分为一个批。一旦确定这批作业所需要的数据文件，Data-aware 调度插件就从 Gfarm 中获得那些拥有该数据文件或副本的网格节点，并将这些节点作为候选调度节点集。

（2）排序阶段：从匹配阶段获得的候选节点集需要根据不同的策略进行排序。对 Data-aware 调度模块而言，本书主要依据它们的负载信息。

（3）分配阶段：根据排序阶段所得的候选调度节点集的排列次序，该阶段进行批量作业中的作业调度决策的确定和分配。作业被调度到处理节点进行处理。

（4）结果通知阶段：Data-aware 调度插件接收来自各个数据节点的作业的处理反馈信息。如果失败，则通知作业提交者作业处理失败，或者自我重新提交。

通过上述的简单而又标准的四步调度模式，可以实现一个 Data-aware 调度模块用于少量批模式作业。然而，对于大量批模式作业，调度就会复杂得多。为了简化研究，假定在大量批模式中的数据密集型作业相互独立，同时假定每个作业所需的数据文件都存储在一个节点上。因此，上述针对少量批模式作业的调度器并不能有效地调度大量批模式作业以提高其整体处理效率。理由是数据网格中的数据文件或副本数目并不能满足一次如此多的批量作业。当大量数据密集型批作业被提交之后，势必导致其中的绝大多数作业长时间处于等待队列中。因此，有必要在大量数据密集型批作业的处理中加入副本管理机制，从而使得数据副本的产生、复制、使用和移除变得更加方便。副本管理机制必须遵循这个原则，即数据文件及其副本在数据网格中处理前后要一致。也就是说，副本的产生、使用和消失由 Data-aware 调度插件负责。

在使用副本管理机制的时候，需要考虑下列问题。

（1）创建新副本的时机问题：创建数据副本的时机取决于该大量批模式作业中所需要相同数据文件的作业数目，同时考虑该数据文件在数据网格中拥有的量。如果在作业等待队列中需要使用同一个数据文件的作业数远远超过数据网格中该数据文件的数目，那么就需要创建该数据文件的副本。

（2）目标网格节点的选择问题：选择合适的网格节点用于存放新的数据副本，也就是说这个调度器将会选择一个合适的网格节点用于存放新的数据副本以及与该数据副本文件相关的作业等待队列。网格节点的选择决策受三个主要的因素所影响：网络带宽、源节点的负载和目标节点的负载情况。根据这三个影响因素，可以得出以下结论：

$$Z = k \times \text{Network\_bandwidth} + m \times \text{Source\_load} + n \times \text{Target\_node\_load} \quad (4.1)$$

式中，$k+m+n=1$；$0<k<1$；$0<m<1$；$0<n<1$；k，m，$n \in \mathbf{R}$。

（3）所有相关作业的二次预调度问题：二次预调度的目的就在于大量批模式作业中的作业的分配更加合理。一旦一个新的数据副本文件在一个新的数据网格节点创建，同时产生了一个与该数据文件相关的作业处理队列，这就导致原有的调度分配决策的不合理，需要重新进行作业分配。二次预调度就是将原有调度决策取消，将已经分配到作业等待队列中的作业收回，并重新进行作业分配。根据最小的 QDS 值［式（4.2）］找到合适的等待队列，同时根据 DS 值［式（4.3）］插入到等待队列中的位置。

$$\text{QDS} = \sum_{i=0}^{i<n} \text{DS}_i \quad (4.2)$$

$$\text{DS} = \text{Job\_Time} \times \text{Job\_Priority} \quad (4.3)$$

（4）数据副本文件的存放时间：这个时间是指副本被删除时间和该副本创建时间的间隔。本着调度算法自我负责的原则，即调度过程中创建的副本应在调度结束时自我删除，本书将数据副本文件分为数据网格原有的数据副本文件和新创建的副本文件两类，并作好标记。若等待队列中的最后一个作业处理完毕，且所对应的数据文件为新创建的数据文件，则在该作业处理完毕之后删除该数据文件。当然，一旦数据文件被删除，其对应的作业等待队列也被删除。

根据以上四个方面的考虑，本书提出一个新的 Data-aware 调度算法用于提升大量批模式数据密集型作业在数据网格中的处理性能。

4. Data-aware 调度算法

对于数据密集型作业，数据副本是非常重要的，就像 CPU 资源对于计算密集型作业。Data-aware 调度算法主要包括两个基本步骤：①将数据密集型作业映射到拥有对应数据文件的网格节点；②选择最适合的数据网格节点。

根据以上分析，本书提出的 Data-aware 调度算法描述如下。

（1）从 LSF 的作业等待队列中获得 Gfarm 相关的作业，并根据这些作业所需的数据文件分类以得出各自属于何种批模式作业。将批模式作业从数量上分为少量批模式作业和大量批模式作业。

（2）如果是少量批模式作业，则执行以下几步。

①对所需的数据副本文件开始定位以确定该数据文件存放的网格节点，并将这些网格节点作为一个候选节点集。

②根据可用的存储空间、负载和等待队列中的作业数来确定如何分配数据密集型作业。一般而言，调度器倾向于选择轻负载的节点来作为候选的处理节点。

③结束少量批模式作业的调度决策，并将该决策提交给作业执行流。

④作业执行流负责这些作业的最后实际的处理业务。

（3）如果是大量批模式作业，则执行以下几步。

①如果存在轻负载的数据网格节点，也就是说这些网格节点的等待队列中的作业数较少。可以将数据密集型作业分配到这些节点进行处理，从而结束调度。对应的作业执行流执行调度任务。如果没有轻负载网格节点，则执行②。

②作业调度器开始撤回之前的调度决策。从拥有相应数据文件的网格节点中

选择相对较轻的负载节点作为源节点，并从没有该数据文件的网格节点中找出具有较轻负载且拥有足够可用存储空间的网格节点。最后，可以创建一个新的数据副本文件及对应的作业等待队列。

③在创建了一个新的数据副本文件之后，启动第二次预调度算法从而确保作业优先级的合理性。

④如果该作业是作业等待队列中的最后一个作业，并且所对应的数据副本文件是新创建的，那么该调度器将会负责在执行该作业的最后删除该数据文件及其对应的等待队列。

⑤结束本次大量批模式作业调度决策的方案的设定，并将该调度决策提交给对应的作业处理流。

⑥作业处理流最后负责这些数据密集型作业的真实处理。

根据上述针对批模式下的数据密集型作业的 Data-aware 调度算法，基本策略是：对批模式数据密集型作业首先进行分类，分为少量批模式作业和大量批模式作业，然后针对不同的类型给出不同的解决方案以满足不同的调度需求。

4.3.4 实验与分析

我们实现了基于上述的 Data-aware 插件，并将其应用于 LSF 的调度插件框架中。Data-aware 调度插件将 LSF 和 Gfarm 进行了有效的联系。具体实验的配置情况如表 4.1 所示。

表 4.1 JLU 测试床环境配置

主机	资源情况	文件或副本
主机 1	1 Intel 2.8GHz CPU，512MB RAM，80GB HD，Linux	myfile
主机 2	1 Intel 2.8GHz CPU，256MB RAM，80GB HD，Linux	Null
主机 3	1 Intel 2.8GHz CPU，256MB RAM，80GB HD，Linux	Null
主机 4	1 Intel 2.8GHz CPU，256MB RAM，80GB HD，Linux	Null
主机 5	1 Intel 2.8GHz CPU，256MB RAM，80GB HD，Linux	Null

注：JLU 是吉林大学（Jilin University）的缩写。

JLU测试床中所需要的操作系统和软件包括Redhat 9.0、Core 2.4.20-8、LSF 6.1版，以及 Gfarm 1.0.4 版。

数据文件的名称为 myfile，是一个测试环境中给定的测试数据文件，且初始存放于 Host1 数据网格节点。在其他的四个数据网格节点不存放任何测试数据。

图 4.7 展示了数据网格中 FCFS 调度策略、Data-aware 针对少量批模式作业调度策略（Data-aware-Min）和大量批模式作业调度策略（Data-aware-Max）的作业分布情况。针对两种不同类型的作业，将本章所提出的算法及 FCFS 算法分别进行评估，验证其有效性。一个批作业内含 10 个数据密集型作业被分配到 5 个不同的数据节点，其分配原则基于负载平衡。对于 Data-aware 调度算法中的少量批模式作业类型，10 个作业仅仅被分配到 Host1 网格节点上，这是由于 Data-aware-Min 策略由于在整个处理过程中不创建任何数据文件。如果针对的是 Data-aware 调度算法中的大量批模式作业，10 个作业被平均分配到 Host1 和 Host2 上，这是由于批作业中数目较多时会创建新的数据文件于新的网格节点 Host2 上。

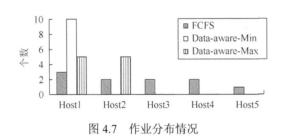

图 4.7　作业分布情况

图 4.8 展示了本书所提交的 10 个作业在三种不同调度策略下的处理情况。从 FCFS 的数据可以看出，FCFS 所需的处理总时间几乎是 Data-aware 调度策略的 4.4 倍，同理从平均时间上也是如此。这是由于数据密集型作业的处理性能被数据严重影响。如果一个数据密集型作业被分配到不包含该数据所需的数据网格节点上，就会导致该作业在处理过程中会远程访问所需的数据文件。在这样的情形之下，它会导致网络拥塞和 Gfarm 数据网格处理性能的下降。Data-aware-Min 策略在作业处理时间上表现出较好的性能，这是由于这种策略将 10 个作业都分配到了 Host1 节点，而数据密集型作业能被快速进行处理，如果其所需的数据的

访问是通过本地的方式进行的。Data-aware-Max 策略在作业处理时间上的效果与 Data-aware-Min 策略没有什么显著差异，这是由于其需要额外增加一个创建新的副本所需的时间。

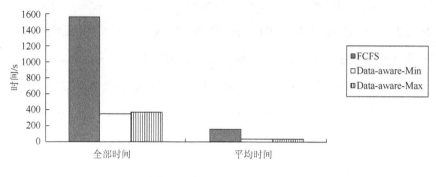

图 4.8　作业处理时间情况

4.3.5　本节结论

本节提出了一个针对数据网格中批模式数据密集型作业的 Data-aware 调度算法。该算法的核心思想是将数据密集型作业调度到最适合的作业处理节点，由于数据密集型作业的特点在于其处理过程需要大量访问其所需的数据，因此这些最佳的适合节点往往都拥有该数据密集型作业所需的数据文件。对于批模式的作业，为了更好地提升批模式的作业处理性能，将批模式数据密集型作业分为两类，一类为少量批模式作业，另一类为大量批模式作业。对于少量批模式作业，设计和实现了一个采用 Data-aware 特点的四阶段的模型，而针对大量批模式作业，引入了副本管理机制用于提升该批模式下的数据密集型作业的整体处理性能。本书所提出的算法在数据网格的测试床中进行了验证，并得出了基本的测试结果。测试结果表明，对于批模式的数据密集型作业，它们能够被调度到拥有其所需数据文件的处理节点之上，并且在整体作业处理效率上也得到了提升。

4.4　ACPB：基于访问代价并结合作业潜在行为的作业调度算法

4.4.1　问题提出

随着网格计算的飞速发展，数据网格[45,56]作为网格计算的一个重要分支在最近几年得到越来越多的重视。数据网格关注于如何提供一个针对受控且共享的大容量分布式数据的有效管理机制[45,56]。数据密集型作业是数据网格中最重要的一类作业，那么它们的调度策略也是当前最重要的研究领域之一。数据密集型作业又分为实时数据密集型作业和批模式数据密集型作业。实时数据密集型作业要求数据网格能为该作业提供最快的处理方案，而批模式数据密集型作业则强调如何为这批作业提供整体最快的处理方案。本章主要针对批模式数据密集型作业。对于这种类型的数据密集型作业，传统的基于数据驱动的作业调度算法[18,19,72]已经被提出用于解决这个问题。这些调度算法通过计算传统的访问代价的影响因素来设计而忽视了在每个网格节点上的等待队列中的潜在作业行为。由于在批作业的执行前和执行过程中网格节点上的数据分布情况会有所变化，特别是副本替换频繁发生时，这就需要重新审视之前的调度算法。

本章强调以批作业的整体处理性能为调度算法的评价指标，并将等待队列中的潜在作业行为和访问代价进行综合考虑。所提出的 ACPB 算法是一个以应用为中心的调度策略，并且该算法是基于传统的访问代价的调度算法的演化。通过将等待队列中的潜在作业行为作为访问代价的一个很重要的影响因素来提升批作业的整体处理性能。ACPB 的特征可以概括如下。

（1）本地副本替换策略和网格节点等待队列中的作业长度被认为是等待队列中作业潜在行为的两个重要影响因素。

（2）访问代价的计算需要考虑作业潜在行为的影响。

（3）一种非集中的反馈机制被用于支持资源代理以协助 OptorSim 数据网格模

拟器中的调度决策。

4.4.2　算法描述

1. 调度算法

为预测每个网格节点在作业运行时刻的数据分布情况，各个网格节点上的作业等待队列中的作业潜在行为应该被分析和推断。在本节中，首先给出传统访问代价的影响因素，然后再给出预测访问代价的定义，最后详细给出所提出的调度算法。

1）影响因素分析

传统访问代价主要通过评估副本创建所需要的时间，当目标处理节点已经固定或假定时来进行计算。副本创建所需要的处理时间包括：

（1）所需数据或副本文件集定位所需时间；

（2）作出副本选择决策所需时间；

（3）副本传输所需时间。

因此，如何减少副本创建所需要的时间是基于访问代价的调度策略的关键。相关的影响因素在大量文献[10, 65, 69, 83-85]中进行了探讨，罗列如下。

（1）网络拓扑结构（network topology）：网络拓扑结构在副本传输中往往扮演重要的影响因素。

（2）网络带宽（network bandwidth）：由于在数据网格中的数据文件大小往往巨大，因此副本传输过程中直接被网络带宽所影响。

（3）CPU 负载（CPU load）：副本创建的源节点和目标节点一般都选择 CPU 负载较轻的节点，因为在副本创建过程中会占用较大的 CPU 开销。

（4）I/O 带宽（I/O bandwidth）：在目标节点固定的前提下，如果源节点拥有一个较高的 I/O 带宽，那么对副本传输所需的时间将大大减少。

（5）访问概率（access probability）：在最近的访问历史中，不同的网格节点在数据网格中拥有不同的访问成功概率。那些拥有较高访问概率的网格节点将被优先选中作为源节点。

（6）作业队列（job queue）：如果源节点中的作业等待队列过长，那么副本传输操作将会不得不延期。因此，此时具有较短作业等待队列的节点作为源节点是一个很好的选择。

上述传统的六个主要影响因素可以分为两类：静态因素和动态因素。网络拓扑、网络带宽和 I/O 带宽是静态因素，而 CPU 负载、访问概率和作业队列则为动态因素。获得静态因素的参数是一件较为简单的事情，而对于动态因素，给出了一个反馈机制用于监视所需要的动态因素。在本章的后半部分，将对反馈机制进行介绍。

2）预测访问代价

为获得预测访问代价，首先需要给出一些相关的定义，具体如下。

定义 4.1

$$P(f_i) = \frac{F(f_i, T)}{\sum_{k=0}^{n} F(f_k, T)} \tag{4.4}$$

式中，T 为到目前为止所给的一个时间段；$F(f_i, T)$ 为在这段时间的频率 f_i。

定义 4.2

式中，$L(G_i)$ 为在网格节点 G_i 上的作业等待队列的长度。

定义 4.3

式中，$T(R_i)$ 为反馈报告 R_i 的存活时间。

定义 4.4

$$P_{\mathrm{PA}}(f_i) = P(f_i) \times L(G_i) / \mathrm{MaxLength} \tag{4.5}$$

式中，$P_{\mathrm{PA}}(f_i)$ 为数据文件 f_i 的潜在访问的概率。

定义 4.5

式中，$N(G_i, G_j)$ 为网格节点 G_i 和网格节点 G_j 的带宽容量。

定义 4.6

$$P_{\mathrm{ACF}}(f_i) = \mathrm{Min}(P(f_i)) \times (\mathrm{Sizeof}(f_i) / N(G_m, G_n)) \tag{4.6}$$

式中，$P_{ACF}(f_i)$ 为数据文件 f_i 的预测访问代价。

定义 4.7

$$P_{AC}(G_i) = \sum_{k=0}^{N} P_{ACF}(f_k) \qquad (4.7)$$

式中，N 为一个调度作业中所需要的文件数。

因此，每个候选网格节点可以通过计算最小的 P_{AC} 值来获得最终的目标节点。

3）调度算法

主要的调度算法流程如图 4.9 所示。

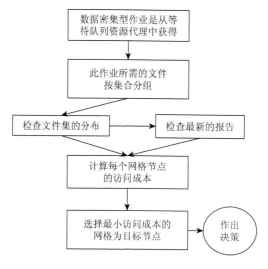

图 4.9　调度算法流程

（1）资源代理（resource broker）从主网格节点的作业等待队列中获得数据密集型作业；

（2）对该作业所需要的数据文件进行分析并形成数据文件需求集；

（3）根据该数据文件需求集获得这些数据文件在数据网格中的状态，并将这些分布网格节点作为一个候选节点集合；

（4）在候选节点集合中，根据最新的反馈报告和数据分布状态逐个地计算候选节点集合中的访问代价；

（5）选择具有最小访问代价的网格节点，并将该数据密集型作业调度到该网格节点。

因此，本书所提出的调度算法是一种以应用为中心的策略。每个数据密集型作业都被调度到预测运行时刻具有最小访问代价的网格节点。

2. 副本反馈机制

副本反馈机制是本书所提出 ACPB 算法的一个重要部分，为 ACPB 算法的实现提供支持。副本反馈机制是一种非集中的反馈机制，也是数据网格中各个节点和资源代理之间的通信机制。本小节主要包括报告内容、报告操作和报告流程。

1）报告内容

为了预测数据密集型批作业的运行时的访问代价，报告内容将考虑四个影响因素。声称的副本替换策略、近期本地网格节点上副本的访问概率、本地网格节点上作业等待队列长度和报告存活期，这四个影响因素被认为将会影响到数据密集型作业在执行期的访问代价。上述四个影响因素详细描述如下。

声称的副本替换策略：数据网格中采用的是已定好的副本替换策略，如 LFU、LRU 等。

近期本地网格节点上副本的访问概率：报告内容中的主要内容，并指出本地网格节点上副本在近期预测的被访问的概率。

本地网格节点上作业等待队列长度：这表明本地网格处理节点的状态，如队列长短表示繁忙或空闲。同时，等待队列长度较长则预示着副本替换事件的发生的概率的提升。

报告存活期：这被用于评估报告的有效性。若接收到的报告已经过期，则没有任何参考价值。

2）报告操作

报告反馈机制构建于数据网格上的资源代理和各个网格节点之间。数据网格各个存储和处理节点创建和维护一个报告队列，并且最新的报告将被资源代理所访问用于作出一个理性的调度决策。

将报告队列中的主要操作总结如下。

（1）addNewReport（report，ttl）：若发生副本替换事件，则产生一个新的反馈报告，并在允许的条件下插入到本地报告队列中。这里的允许条件是指本地节点上的报告队列中的报文均过期，则可以进行添加操作。如果报告添加成功，则返回真，否则返回失败并提示失败的原因。报告的存活期有效地避免了频繁的报告插入操作。

（2）readLatestReport（）：数据网格上的资源代理将在作调度决策过程中访问预调度候选节点的报告队列。如果没有在存活期之内的最新报告，则返回空，否则将最新的报告返回。

（3）displayReportQueue（）：该操作用于展示各个节点上报告队列中的报告。主要用于测试和维护工作。

3）报告流程

为了更加清晰地阐述报告反馈机制，将其反馈流程在图 4.10 中进行了展示。

从图 4.10 中可以看出，反馈报告由本地节点在副本替换事件发生时产生，并

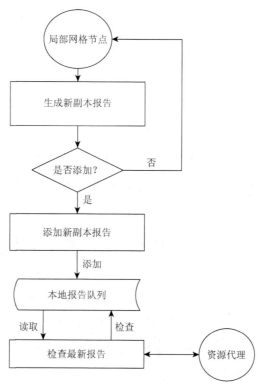

图 4.10　报告反馈流程

且在特定条件允许的情况下将新产生的反馈报告插入到本地报告队列中。如果插入失败，则产生一个失败反馈。本地报告队列由各个网格节点负责维护，并且被数据网格上的资源代理查询以获得最新的报告。查询操作在调度决策制定过程中执行。

4.4.3　实验及分析

1. 实验

数据网格模拟器 OptorSim 中的实验关键在于实验配置。实验配置包括参数配置、网格拓扑结构配置和作业配置。

1）参数配置

OptorSim 的基本的模拟参数通过参数配置文件进行设置。在该参数配置文件中主要包括三个部分。第一部分定义了网格的拓扑结构和资源分布情况，第二部分定义了作业及其关联的数据文件，最后一部分定义了相关的参数及所采纳的算法。在这个参数配置文件中，最主要的几个参数包括：作业访问数据文件的访问模式、用户提交作业到资源代理的提交模式、当前非网格活动的级别和变化能力以及所采纳的优化算法。每个参数具体的描述请参考 OptorSim 用户手册[23]。在本书的实验中，作业的访问模式是顺序访问，这指的是作业所关联的数据文件被依次所访问。作业等待间隔是指作业提交时间隔多久提交一个作业到资源代理上，我们设定其值为 2500ms。所采纳的副本替换优化算法是 LFU，这种算法采用的替换策略是替换最近被访问频率最少的数据文件。就实验计算机环境而言，CPU 配置为 Intel Core T2400 1.83GHz，内存容量为 1GB。

2）网络拓扑结构配置

图 3.3 展示了所采用的网格拓扑结构，其为 CMS 测试床的拓扑图。

从图 3.3 中可以看出，CERN 和 FNAL 每个存储单元 SE 都具有 100GB 的存储容量且没有计算单元 CE。SE 是指存储单元，而 CE 指的是计算单元。其他节点的存储单元 SE 都拥有 50GB 的存储容量，且只有一个计算单元 CE。

3）作业配置

初始时所有数据文件都被配置于 CERN 的存储单元 SE 中。我们定义了六种作业类型（表 4.2），这些作业所关联的数据文件相互之间不重叠。同时，每个数据文件都拥有 10GB 存储容量。

表 4.2　六种作业类型的配置参数

作业类型	被选中概率/%	最大关联文件个数	所需处理时间/ms
jpsijob	10	12	8
highptlepjob	50	2	2
incelecjob	15	5	4
incmuonjob	7	14	10
highptphotjob	3	58	25
zbbbarjob	15	6	4

从表 4.2 中可以看出，highptlepjob 被定义为具有最高被选中概率的作业类型，同时所关联的数据文件个数和所需处理时间也最少，相反 highptphotjob 被定义为具有最小被选中概率的作业类型且其所关联的数据文件数和所需处理时间也最多。因此，假定所需数据文件个数越少的作业类型越容易被访问并且所需处理时间也越短。这六种作业类型表述了数据网格中的模拟情景。为了确保模拟实验更有价值，作出以下两个假设。

（1）作业需要关联的数据文件数越少，则被选中的概率就越大。在数据网格中，需要访问少量数据文件的作业数比需要访问大量数据文件的作业数多。

（2）所关联的数据文件个数越少，则其所需要的处理时间就越少。这种假定基于常识的判断。

2. 结果及讨论

1）结果

为了验证 ACPB 调度算法的效率，将其与 OptorSim 数据网格模拟器中的基于传统访问代价的 AC 调度算法进行对比分析。所有作业的平均处理时间（mean job time for all jobs）、数据文件复制数（number of replications）和网络有效使用率（effective network usage）作为双方的比较参数。下面从两个视角对本书所提出的 ACPB 算法和基于传统访问代价的 AC 调度算法进行比较。

（1）提交相同的作业数，但拥有不同的队列长度

假定现提交一个批数据密集型作业到 CMS 测试床，且内含 1000 个作业。ACPB 算法和 AC 算法均在 OptorSim 中进行模拟，且均分别选择最大的队列长度为 25 个、50 个、75 个、100 个、125 个、150 个、175 个。模拟结果如图 4.11 所示。

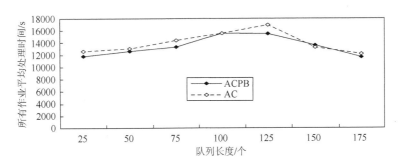

图 4.11　所有作业平均处理时间与队列长度关系图

从图 4.11 中可以看出，当提交的作业数均为 1000 个时，所有作业的平均处理时间在 AC 和 ACPB 算法中对不同队列长度的表现情况。在提交相同的作业数时，所有作业的平均处理时间随着等待队列长度增长而加长。相比于 AC 算法，该算法的所有作业平均处理时间花销相对较少。

如图 4.12 所示，相比于 AC 算法，ACPB 算法在等待队列小于 125 个时，所有

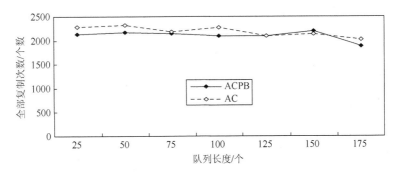

图 4.12　全部复制次数与队列长度关系图

作业的副本复制总数明显小于 AC 算法。当等待队列大于 125 个时，ACPB 算法和 AC 算法存在交替现象，且相互之间差距较小。

图 4.13 展示了 ACPB 算法和 AC 算法在处理相同作业数时的网络有效使用率情况。随着等待作业队列的增加，ACPB 算法的网络有效使用率逐渐在减少。其中，当等待队列的长度为 150 个时，ACPB 算法的网络有效使用率高于 AC 算法。

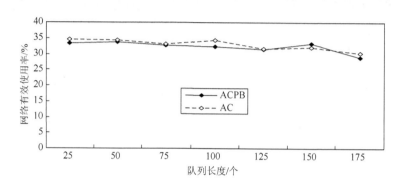

图 4.13　网络有效使用率与队列长度关系图

因此，从上述图示中可知，ACPB 算法在所有作业平均处理时间、所有作业副本的总复制数和网络有效使用率方面相比于 AC 算法都具有比较优势。然而，当最大等待队列长度超过 125 个时，ACPB 算法并不占据优势。

（2）提交不同的作业数，但拥有相同的队列长度

从上述第一个视角的分析中，已知 ACPB 算法在作业等待队列最大长度少于 125 个时相比于 AC 算法时具有较好的性能，然而大于 125 个时情况就不同了。为了验证我们的结论，需要将等待队列的最大长度为 125 个作为阈值，以其为中心，选择等待队列的最大长度分别为 50 个和 150 个作进一步的实验。

①作业等待队列最大长度为 50 个时

图 4.14 表明，ACPB 算法在所有作业平均处理时间上与 AC 算法一样都随着作业数的增加而增加，然而 ACPB 算法相比于 AC 算法其所需的所有作业平均处理时间要少，且当作业数超过 400 个时，两者之间的差距呈现增大的趋势。

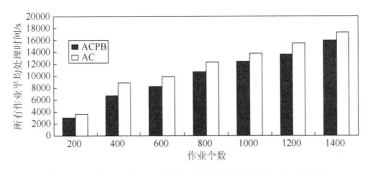

图 4.14　ACPB 与 AC 的所有作业平均处理时间对比图

从图 4.15 中可以看出，所有作业副本的总复制数在 ACPB 算法中少于 AC 算法。随着作业数的增加，这两个算法所需要的总复制数都在增加。

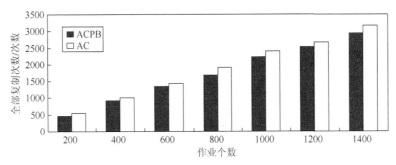

图 4.15　ACPB 与 AC 的全部复制次数对比图

图 4.16 展示了网络有效使用率指标在 ACPB 算法和 AC 算法中的表现情况。相比于 AC 算法，ACPB 算法在网络有效使用率上相对使用较少，这表明该算法占用网络相对较少。然而从图 4.16 中可以看出，两者之间差距较小，随着作业数的增加，并未呈现显著性区别。

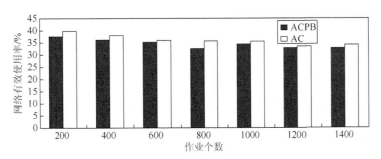

图 4.16　ACPB 与 AC 的网络有效使用率对比图

在上述图示中，当作业等待队列最大长度为 50 个时，本节所提出的 ACPB 算法在所有作业平均处理时间、所有作业副本的总复制数和网络有效使用率三个指标上相比于 AC 算法均具有比较优势。下面探讨当作业等待队列的最大长度为 150 个时，ACPB 算法和 AC 算法的比较情况。

②作业等待队列最大长度为 150 个时

图 4.17 表明所有作业平均处理时间指标在 ACPB 算法和 AC 算法中未呈现显著性区别。理由是随着作业数目的增加，ACPB 算法和 AC 算法的所有作业平均处理时间呈现交替趋势，也就是说 ACPB 算法的处理时间并不能一致地少于或多于 AC 算法。

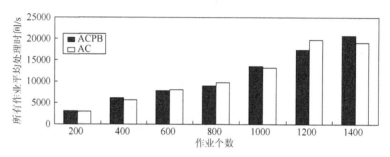

图 4.17　ACPB 与 AC 随作业个数增长的所有作业平均时间对比图

图 4.18 表明，随着作业数目的增加，这两种算法所需的复制次数也在增加。在作业数少于 1000 个时，ACPB 算法所需要的复制次数少于 AC 算法所需数。然而，当作业数多于 1000 个时，ACPB 算法和 AC 算法所需复制总次数相互交替，因此没有显著区别。

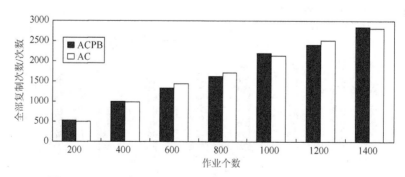

图 4.18　ACPB 与 AC 随作业个数增长的全部复制次数对比图

图 4.19 表明，ACPB 算法和 AC 算法之间在网络有效使用率方面没有显著性区别。随着作业数的增加，网络有效使用率在少量减少，这表明数据网格之中的网络使用情况趋向于稳定。

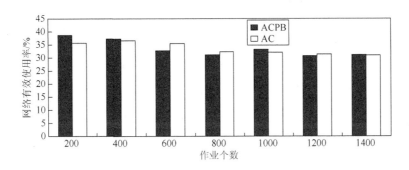

图 4.19　ACPB 与 AC 随作业个数增长的网络有效使用率对比图

从上述图中可以看出，当作业等待队列为 150 个时，本节所提出的 ACPB 调度算法在作业数目少于 1000 个时与 AC 算法相比在所有作业平均处理时间、所有作业副本复制总数上仍具有比较优势。然而当作业数等于或大于 1000 个时，两者之间没有显著差异。

2）讨论

数据密集型作业调度算法关注于如何调度作业到合适的处理网格节点。在上述的模拟实验中，从不同作业等待队列最大长度视角比较了本节所提出的 ACPB 算法和 AC 算法。正如之前所假设的那样，作业等待队列长度是一个重要的影响因素。同时，该假设还验证了本节所提出的基于访问代价策略的 ACPB 算法，特别是作业最大等待队列少于 125 个时较为显著。然而，该假设目前尚不能验证当作业等待队列长度大于 125 个时，本节所提出的 ACPB 算法是否可以取代 AC 算法的问题。

作业等待队列长度为 125 个时是一个临界阈值。在本节所给出的模拟环境中，其值为 125 个，但并不能说明对任何的数据网格都是 125 个，该值可能被一些因素所影响。这一点需要进一步探索。

本节上述的一系列图示表明，当作业等待队列长度少于 125 个时，ACPB 算法和 AC 算法具有显著性的区别。因此，队列长度可以作为一个影响因素作用于等待队列中作业的潜在行为。在本节所提出的算法中，作业等待队列的最大长度被用于计算访问代价，并最终通过访问代价的评估来影响最后的决策结果。在 OptorSim 中的模拟表明作业等待队列的长度可以作为一个影响因素，且在少于 125 个时，具有积极的影响，而大于 125 个时，效果不明显。

一个简单而有效的非集中式副本情况反馈机制被用于支持本书所提出的 ACPB 算法，并对反馈报告的内容、工具设计及主要操作进行了介绍。基于这种反馈机制，各个存储节点的副本情况的报告自行维护和管理，最新的副本情况反馈报告则根据副本情况的动态变化而产生，并在条件允许的情况下插入其报告队列中。由于报告的存活期的存在，这就避免了频繁的插入，同时减少了数据网格中查询等操作所产生的网络流量。

4.4.4　本节结论

对于数据网格，针对数据密集型作业的调度算法的研究将有效地提高其作业处理的效率。当前的基于访问代价的调度算法都是非常有效的手段。然而，对于访问代价的影响因素却需要重新认识，本节认为数据网格各个处理节点的作业等待队列的最大长度可以作为一个重要的影响因素，并将其融入新的计算访问代价的策略中。将作业等待队列的最大长度作为一个重要的影响因素，其理由在于各个节点的副本分布情况可以通过本地节点的副本替换策略及其作业等待队列长度进行初步估计。为了验证本书的假设，本书提出了一个基于访问代价，并考虑作业等待队列中作业的潜在行为的 ACPB 算法，同时为了使得该 ACPB 算法的顺利执行又给出了一个非集中式副本分布情况反馈机制。

从上述一系列在 OptorSim 数据网格模拟器中的模拟可以看出，本节所提出的 ACPB 算法在作业等待队列最大长度少于 125 个时与 AC 算法相比具有比较优势。然而，当作业等待队列的最大长度大于或等于 125 个时，两者之间没有显著的差距。OptorSim 的实验表明：如果各个处理节点的作业等待队列最大长度少于 125 个，

ACPB 算法在所有作业平均处理时间、所有作业副本复制总数和网络有效使用率方面均比基于访问代价的 AC 算法具有较高的性能。

4.5　本 章 小 结

本章首先论述了数据网格中的最重要的作业类型，即数据密集型作业，并对其特点作了简要的阐述；其次对数据网格中数据密集型调度算法作了概述；然后对 Platform 公司的 LSF 和日本的 Gfarm 数据网格作了介绍；最后提出了一个针对 LSF 和 Gfarm 的调度算法和一个基于访问代价并考虑处理节点中等待队列中作业潜在行为的 ACPB 算法。这两个算法分别通过具体实践验证和 OptorSim 数据网格模拟器的模拟表明：所提出的两个算法都具有比较优势，取得了较好的效果。

在 LSF 和 Gfarm 的环境中，通过对 LSF 中的调度插件的设计，实现了一个面向 Gfarm 数据网格的 Data-aware 调度插件。通过该插件，对批模式的数据密集型作业进行了分类，一类为少量批模式作业，另一类为大量批模式作业，并对这两类作业分别采用 Data-aware-Min 和 Data-aware-Max 策略。在与传统的 FCFS 调度策略的对比实验中，Data-aware-Min 和 Data-aware-Max 策略均取得了较好的效果，特别是 Data-aware-Max 策略在处理大量批模式作业的情形下表现更为显著。

通过对基于访问代价的数据密集型作业调度策略进行研究可以发现，处理节点的作业等待队列中的作业潜在行为将导致各个存储节点上的数据文件的分布情况在作业调度时与处理时将会有所不同。将这种不同的原因归于副本替换所产生，而副本替换的结果却由于副本替换策略和作业等待队列中作业数目有关。因此，本书针对上述分析又提出了一个基于访问代价并考虑等待队列中作业潜在行为的 ACPB 调度算法。在 OptorSim 数据网格模拟器中的模拟实验表明：当等待队列的最大长度少于 125 个时，本章所提出的 ACPB 算法相比于传统的 AC 算法具有显著的优势，而当等待队列的最大长度大于或等于 125 个时，两者没有明显的区别。

本章的创新点罗列如下。

（1）将基于负载的作业管理软件 LSF 应用于数据网格 Gfarm 中的作业管理和调度中，提出面向 Gfarm 的 Data-aware 调度策略，具有能够动态处理不同批数密集型作业规模的能力。

（2）数据密集型作业的调度算法中的一类重要的调度策略，即面向访问代价的调度策略，其访问代价的影响因素被进一步探索，并认为作业处理节点上的作业等待队列中作业的潜在行为是一个重要的影响因素。通过算法的设计和模拟实验对本章的假设作出了验证。

本章的意义在于通过基于负载的分布式作业管理软件 LSF 和 Gfarm 数据网格的结合，使得在 Gfarm 数据网格上的作业管理与作业调度成为可能，并验证了 Data-aware 调度的效率。同时，对数据网格中数据密集型作业在处理过程中数据文件的分布情况的变化对原有调度决策的不合理性进行分析，认为作业的调度应该以作业运行时的环境为依据，而不能以当前的环境为依据，通过数据网格各个处理节点中的作业等待队列的潜在行为的分析，设计和实现了一个基于访问代价的作业调度算法 ACPB，并验证了本书假设的合理性。

第5章 空间数据网格即插即用协议研究

5.1 空间数据网格概念

数据网格作为网格计算的一个重要分支,重在解决大容量数据的存储、访问和使用的问题,主要应用于物理学、生命科学、天文学等研究探索领域。空间数据网格是数据网格在空间信息系统领域的重要应用。自从1998年美国前副总统戈尔在"数字地球——认识21世纪我们这颗星球"的报告中提出了一个通俗易懂的概念,人们越来越认识到将地球上与人类活动相关的信息装入计算机,这将为人们的日常生活提供极大的便利。文献[86]给出了数字地球的基本定义,认为数字地球是一种全面且分布的地理信息和知识组织系统。李德仁在文献[87]中介绍了数字地球的基本情况,并认为如何解决大容量数据的存储和使用是数字地球中的一个很关键的问题。因此空间数据网格是当前的一大研究重点。

国内外学者纷纷将网格计算技术(Grid)和地理信息系统(GIS)进行融合,从而产生了空间信息网格(SIG)。空间信息网格有别于空间数据网格,空间数据网格是空间信息网格的基础设施,是其重要的一个组成部分。王龙超[88]探讨了基本的空间数据网格的概念体系结构。于雷易[89]认为空间数据网格主要研究海量分布式空间数据的统一管理和高效访问,其关键技术包括元数据目录和资源代理等。

开放地理空间信息联盟(OGC)是一个非营利性质的、面向国际的、非官方的标准化组织,用于指导地理空间信息和定位方面的开发[90]。现已加入OGC的组织和公司已超390家。该组织提出了一个OpenGIS的标准[91]及OGC参考模型[92]。

GEON是一个于2002年启动并由美国自然科学基金会所支持的项目,旨在解决地球科学领域的专家之间的空间数据的共享和集成[61]。GEON的重点在于如何对分布、异构的多维空间数据进行充分的利用。GEON采用了OGC[90]所提出的符合其基本标准的开放地理空间信息框架。

Google Earth[93]是由 Google 公司开发的，旨在解决三维地理空间信息的任意使用。文献[94]阐述了 Bigtable 是如何为 Google Earth 进行海量数据文件的组织、管理和使用的问题。Bigtable 是一种类似于关系数据库表的结构，通过多维稀疏矩阵的方式进行海量数据存储、索引和使用[94]。

World Wind 最初由 NASA 于 2004 年发布，目前是一款采用 Java 语言开发的虚拟地球软件[95]。用户可以通过基本的旋转、缩放等操作来分析空间数据。文献[96]详细叙述了 World Wind 的体系结构及其他方面的情况。就其数据存储方面而言，World Wind 采用了服务器端和客户端共同缓存机制以使地理数据的快速访问，同时要求保证服务器端和客户端之间数据的快速传输。若地理空间数据缓存到客户端，则可以使用离线访问模式进行使用。

从国内外的研究趋势上来看，当前的空间信息系统的发展主要有两个趋势：①倾向于 Web Service 技术[97-99]认为 GIS 应该采用网格的 OGSA[3]或者 WSRF[100, 101]结构通过一系列 Web Service 技术构建多个组织之间可以进行数据共享和相互操作的地理信息系统；②特别是国内的学者，以李德仁[102]为代表，认为当前应更多地将网格技术，特别是数据网格技术应用于 GIS 来构建空间信息网格。对于一些特殊应用的空间信息系统，如军事应用和灾难响应，这就需要具有很高的性能，能够做到应急响应。系统性能上的应急响应要求必然导致空间数据网格在数据存储、组织和管理上的优化。

5.2 即插即用机制

即插即用机制是一种存储设备在对系统无打搅的前提下被系统自动识别、使用和移除的机制，其目的是解决存储设备的动态扩展。目前大家常见的 U 盘就是一种即插即用的存储设备，因为它能够随时随地将储存设备融入各种类型的操作系统之中，而不需要重新启动系统。这种即插即用机制既保证了数据的随时使用，又能够不强迫操作系统中正在运行作业的停止，从而使用户在不被打搅的情况下随时且方便地使用其设备上的数据。

在大型的空间数据网格中，运行于其上的作业往往是数据密集型作业，如地理数据灾难分析等。在之前的研究中，已知对于这类作业，应该将其分配到数据所在的节点进行处理。若分析系统不能够被调度到数据存储节点且远程访问分析代价过大，就需要将这些数据融入分析系统所在的本地存储系统中。然而，观测点所获得的数据往往是巨大的，一般是 T 级，甚至是 P 级数据。在这种情况下，为了对空间数据进行有效分析，从各个观测点所获得的数据采用网络传输到数据分析系统所需时间可能比将存储设备快递到分析系统所在地所需的时间还要长。关键在于这两种时间的差异随着数据量的变大而变大。即插即用就是为了解决大容量存储设备的动态扩展问题，同时能够为快速分析提供基本支持。

大型空间数据网格中，存储各种大型数据的网格节点往往并不都是分析的热点。地理空间上的数据往往被分为热点数据和非热点数据。这就直接导致数据存储的层次性的产生，而对于那些非热点地区的数据，应考虑其环保要求。例如，从减少系统的电力能源的开销的角度进行绿色存储的设计，甚至直接从存储系统中移除。当这些地理数据所对应的地理位置变成热点地区时，就需要进行设备的动态扩展。若原有存储设备未接入该存储系统，则需要通过即插即用的方式进行数据的重新发布、访问和分析。

由上述分析可知，即插即用机制不仅保证了外来存储设备的快速而有效的使用，也能保证本地数据设备的分级待机处理，从而为离线存储提供有效支持。

5.3　空间数据网格即插即用协议

5.3.1　问题提出

随着地理信息系统的快速发展，当前空间数据分析越来越趋向于对不同组织所拥有的数据进行分析，从而实现不同组织间的信息的充分共享。网格技术作为当前主流的研究方向，旨在解决分布式、多组织间异构的资源的充分利用，以提高作业处理性能的机制，引起空间信息系统领域专家的重视。专家纷纷将网格技术引入空间信息系统，从而大大提升空间信息系统处理分布式、异构、大容量空间数据的能力。

国内外学者纷纷提出将网格计算技术与地理信息系统进行结合，从而产生了空间信息网格的概念。在空间信息网格中，网格技术是作为其基础设施而存在，主要负责资源的管理和使用；而地理信息系统则作为上层应用，主要针对各种分析功能（服务）的实现。由于空间数据呈现出数据量庞大、多粒度、多维度、异构等特点，在空间信息网格中，所采用的网格技术主要是数据网格技术。针对当前空间数据网格中存储设备的动态加入和移出，以及新加入存储设备上的数据资源的动态发现问题，一些学者已经开始进行相关方面的研究。

UPnP[37]是由通用即插即用论坛提出的一套网络协议。该协议是为了使各种设备能够与网络进行无缝结合，而无需进行任何额外的驱动程序。UPnP 提供了各种设备通用的一套网络协议，通过该协议各种新加入的设备自动获得一个 IP 地址，并请求检查自身的功能以检查出其设备以及相应的功能[37]。UPnP 实现了各种设备与网络之间的热插拔，然而对于该设备上的数据文件或相关资源的发布尚存在欠缺。

Handy[42]是一种基于全局哈希表的动态扩展协议的集群文件系统，该文件系统支持存储节点的动态扩展。为实现当前集群文件系统中存储节点的动态可扩展，Handy 采用了元数据服务器矢量环的形式对设备相关的元数据进行存储，其基本要求是将某个元数据服务器所对应的设备节点进行存储，同时将其备份到该元数据服务器的后续节点。采用双元数据服务节点的方式是为了保证元数据的可用性。对于一个新加入的存储设备，元数据的更新既需要对其对应的元数据服务器，也需要更新其后续备份元数据服务器。Handy 集群文件系统很好地解决了存储设备的即插即用，但是对存储设备上的数据的即插即用仍需进一步的探索。

集群文件系统 PVFS[38]、DCFS[39]和 LUSTRE[40]实现了存储设备的静态添加。存储设备的静态添加会导致集群文件系统上运行的作业的停止，然后再启动整个集群文件系统。整个过程若添加了大量的存储设备会导致设备及数据相关的元数据的大量增加，并最终使集群文件系统的稳定性受到严重影响。为解决这些问题，这三种集群文件系统进一步实现了存储设备的动态添加，然而存储设备的动态移除存在着较大的问题。

Chord 文件系统[41]实现了存储设备在广域网上的动态扩展。然而空间数据网格上的动态扩展既要考虑存储设备的动态扩展，也要考虑存储数据资源的动态扩展。存储设备上的数据资源的动态扩展是本章所提协议的最大特点。

综上所述，当前的即插即用协议主要从寻找各种设备接入网络的通用性解决方案和大型网络中的存储设备的动态扩展两个方面进行研究。然而，对于存储设备上的资源在文件系统或者网络系统的发布、融合和移除等方面的研究尚有不足。因此，本书主要针对空间数据网格系统中的存储设备的即插即用，同时更加关注该存储设备上资源的即插即用的研究。

5.3.2　即插即用协议体系结构

协议体系结构是协议的核心，良好的协议体系结构能够保证协议的良好设计和运作。为实现一个存储设备的即插即用协议，首先应给出评价该协议的标准，然后给出基本的设计标准，最后提出并简要介绍一个适合于空间数据网格中的即插即用协议。

面向应急响应的地理空间信息系统，如应用于洪水、海啸和地震的地理信息系统，要求整个系统能够对所分析的热点地区进行快速访问、分析和管理，而对非热点地区一旦由于突发事件的产生则转变为热点地区。非热点地区的数据要么存储于低访问性能的存储设备中，要么存储于离线设备中。因此，这就要求大容量数据存储系统能够应对快速的转变。即插即用就是将一个包含热点地区数据的离线设备的动态快速发布和回收。动态发布是指不需要重新启动数据存储系统的方式，热点数据的回收是指对热点地区的敏感数据从空间信息分析系统中回收。

为了使即插即用协议与面向应急响应空间信息系统实现良好融合，即插即用协议体系结构的设计必然要对面向应急响应空间信息系统的体系结构进行参考。GEON[103]采用四层结构，即物理层（physical layer）、系统层（systems layer）、网格层（grid layer）和应用层（applications layer）。文献[104]又从 Web Service 的角度将 GEON 划分为核心层、中间件层和应用服务层。World Wind[96]阐述了面向高性能处理的体系结构。在该体系中，也采用了分层的思想，将数据存储和任务处理分层。为了加快数据处理，采用客户端和服务器端的 Cache 机制进行数据存储。因此采用分层的思想来构建面向应急响应空间信息系统是当前的趋势。

对于面向应急响应的空间信息系统，其体系结构可以分为数据存储层、数据表达层、数据逻辑组织层、数据访问服务层和应用层等五层。数据存储层负责物理数据的存储、路由、传输控制等；数据表达层负责空间数据物理存储管理和优化；数据逻辑组织层负责对物理数据的逻辑索引、加载等；数据访问服务层负责为应用层提供逻辑使用接口；应用层负责支持各种应用需求。在这个五层的体系结构中，即插即用协议主要位于第二层，即数据表达层，而第三层（数据逻辑组织层）是对第二层中的即插即用协议的逻辑管理。

从图 5.1 中可以看出，整个即插即用协议模型分为五层，这五层将分别解决不同的问题。各个层主要的功能如下。

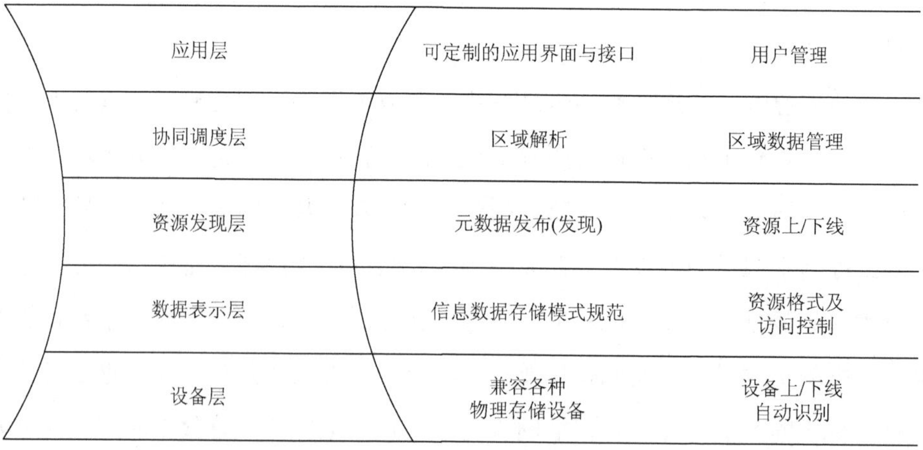

应用层	可定制的应用界面与接口	用户管理
协同调度层	区域解析	区域数据管理
资源发现层	元数据发布(发现)	资源上/下线
数据表示层	信息数据存储模式规范	资源格式及访问控制
设备层	兼容各种物理存储设备	设备上/下线自动识别

图 5.1　即插即用协议层次体系结构

（1）设备层：控制各种物理存储设备的连接、识别，兼容各种常见物理存储设备，完成设备发现和设备移除。设备发现是指完成设备上线的自动识别，得到设备 ID；设备移除是指完成设备下线处理。这两个功能都要求该存储设备具备驱动程序，同时通过整个存储数据集群中的一个监控进程来完成设备加入和移除的监控和管理。

（2）数据表示层：解决数据存储模式的兼容性问题，完成数据索引形式、存储结构、存储格式的识别，并支持资源访问控制。数据表示是对设备上的数据格式进行识别，并形成数据类型格式单元；访问控制是指根据数据的区域，设备的特性和管理权限，来设置不同数据资源的访问控制。主要的访问控制有读取、修改和追加等。

（3）资源发现层：提供元数据的发布与发现等功能，实现资源的动态上/下线。资源上线是指完成相关属性条列的更新，即元数据的发布，并提示协同调度层数据文件读取成功；资源下线是指删除相关的属性条列，即元数据的去除，并将下线通知传达给数据表示层。

（4）协同调度层：完成数据资源的解析和融合。资源解析是指获得新加入设备的数据逻辑表达；资源融合是指设备数据无缝地加入数据存储集群中的其他设备，并提供一种合理而有效的数据迁移机制。

（5）应用层：完成用户的各种逻辑操作需求。

5.3.3　即插即用协议设计与分析

即插即用机制实现的是设备的动态加入和移除，以及设备上的空间数据的动态加入和移除。一个基本规则是：先设备动态加入，后数据动态加入；先数据动态移除，后设备动态移除。这两者是紧密相关的。硬件的存储设备的驱动程序保证了设备的自动识别和自动移除，因此即插即用机制的关键是：如何在识别设备的基础之上对存储设备上的数据进行识别、融合、使用和移除。在空间数据网格中的即插即用机制，其主要思想是通过识别设备，并对其上数据以服务的形式进行数据资源的动态上/下线和融合，以及设备的上线、控制和下线。

即插即用协议包括设备动态上/下线协议、设备访问控制协议、数据资源动态上/下线协议和数据资源融合协议。对于其中任何一个协议，都从相关定义、报文格式、消息类型及操作流程四个角度进行阐述。

1. 设备动态上/下线协议和设备访问控制协议

1）相关定义

设备动态上线协议：完成存储设备在数据文件存储系统中的动态上线。

设备动态下线协议：完成存储设备在数据文件存储系统中的动态下线。

设备访问控制协议：完成对存储设备在数据文件存储系统中访问权限的设置，默认为只读。

DID（device ID）：存储设备在空间数据网格中的逻辑 ID 编号字段。

由图 5.2 可知，位于空间数据网格中的存储设备往往是巨大的，假定其最大的可用量为 2^{27} 个。4bit 设备状态，用以描述存储设备在空间数据网格中的各种状态，如表 5.1 所示。

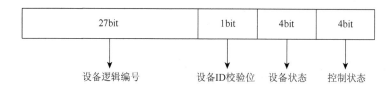

图 5.2 存储设备描述字段

表 5.1 存储设备状态表

设备状态位	相关描述
0000	Available：表明当前设备就绪，可以随时使用
0001	Busy：表明当前设备处于繁忙状态
0010	Using：表明该设备正处于访问和使用的状态
0011	Off：表明设备已经退出空间数据网格
1111	Set：表明可以对设备的控制情况进行设定，如正在"写"状态中
1000	Unavailable：表明设备的状态未可得，可能设备已经"僵死"
（保留）	（保留）

从图 5.3 中可以看出，用户和存储设备之间与即插即用协议进行交流的方法，同时可以看出即插即用协议内部的五个协议之间的关系。存储设备的控制状态主要包括只读和可读写两种状态，以后也可以考虑增加其他状态。默认情况下为只读状态。

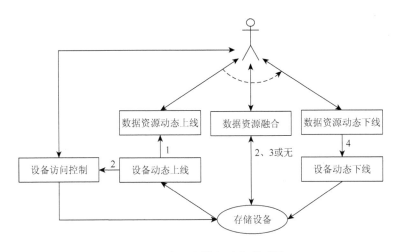

图 5.3　即插即用协议内部关系图

2）报文格式

在设备动态上/下线操作的过程中，五层即插即用协议中的设备层和数据表示层将负责设备上/下线操作。设备上/下线操作是资源上/下线的附属产物，设备的上线是为了使资源能够顺利上线，同样一旦资源下线就需要设备的下线，从而减少电源的开销。

整个设备上/下线报文是 40bit 的报文格式，包括 4bit 消息类型、27bit 设备逻辑编号、1bit 校验位（如采用奇偶校验方法对设备逻辑编号 ID 进行校验）、4bit 设备状态和 4bit 设备控制状态。设备逻辑 ID 编号作为设备的唯一标识，可以被五层协议中的各层所使用。设备上/下线报文、设备访问控制报文格式如图 5.4 所示。

图 5.4　设备上/下线报文、设备访问控制报文格式

3）消息类型

设备上/下线协议的消息列表如表 5.2 所示。

表 5.2　设备上/下线协议的消息列表

消息标识符	消息描述
DEV_ON	存储设备加入到数据系统中时，设备层向数据表示层等发布设备上线提示
DEV_OFF	应用层向各个层次传达的设备下线通知消息
DEV_SET	用于设置设备的访问权限，默认为只读
DEV_REPLY	用于报文结果的反馈
DEV_ERR	用于指示设备下线不能正常完成时对各层所给出的提示消息
DEV_ECHO	用于获得当前设备的状态
DEV_ZOMBIE	用于表示设备已经无响应，已经"僵死"

注：全局设备管理器是数据网格中用于负责全局设备 ID 提供的管理者。

4）操作流程

设备上/下线协议主要包括设备上线操作和下线操作。

（1）设备上线操作

设备上线操作流程图如图 5.5 所示。其中，矩形表示五层协议中的各层流程的主要参与者，箭头表示报文和操作的流向。设备上线的主要操作流程如下。

①在存储设备接入空间数据网格系统中时，由设备驱动器发现该存储设备的接入，并对设备赋予全局唯一 ID 编号（如节点编码+接入时间戳等形式）。产生 DEV_ON 报文[DEV_ON，设备逻辑 ID，设备 ID 校验码，设备状态（available）]发给数据表示层中的数据表示器。

②数据表示器在接收到 DEV_ON 报文后，首先转发该报文给资源发现层，然后创建一个以报文中设备 ID 为命名的数据组织表（DOT），同时产生 DATA_IDENTIFY 报文用于获取该设备上的空间数据的组织格式，以最终完成该设备上的数据组织表的填写。

③资源发现层在获得 DEV_ON 报文后，首先转发该报文给协同调度层，然后创建一个以该设备逻辑 ID 命名的元数据列表。

④协同调度层获得 DEV_ON 报文后，转发给应用层，以提示应用程序一个新的存储设备已经接入空间数据分析系统。

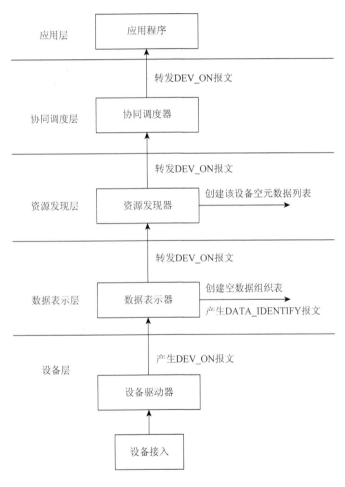

图 5.5　设备上线操作流程图

（2）设备下线操作

设备下线操作是在完成数据资源的下线之后所触发的操作，从而保证了设备上数据的安全，也起到了节省电能的作用。设备下线操作流程图如图 5.6 所示。

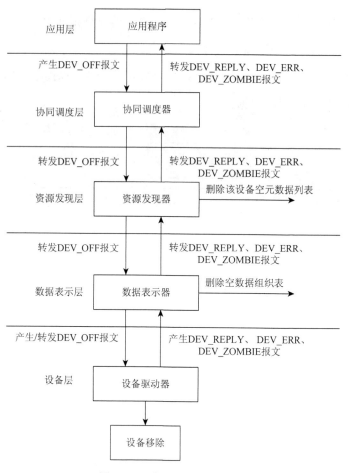

图 5.6　设备下线操作流程图

设备下线的主要操作流程如下。

①数据表示层在完成数据移除之后，产生 DEV_OFF 报文，并提交给设备驱动器，设备驱动器根据该报文检查该设备的状态，若其状态为 Available，则可继续执行设备硬件移除操作，完成后反馈一个 DEV_REPLY 表示设备安全移除；若设备状态为 Using、Busy、Off、Set 等状态，则结束设备硬件移除，反馈一个 DEV_ERR 报文；若设备状态不可获得，则结束设备硬件移除操作，反馈一个 DEV_ZOMBIE 报文。

②数据表示器在接收到 DEV_REPLY 和 DEV_ZOMBIE 报文后，首先转发该报文给资源发现层，然后移除以报文中设备 ID 命名的数据组织表（DOT）。若接

收的为 DEV_ERR 报文，则转发该报文给资源发现层。

③资源发现层在获得 DEV_REPLY 和 DEV_ZOMBIE 报文后，首先转发该报文给协同调度层，然后移除一个以该设备逻辑 ID 命名的元数据列表。若获得的是 DEV_ERR 报文，则直接转发给协同调度层。

④协同调度层将这三个报文转发给应用层。

⑤应用程序若收到的为 DEV_REPLY 报文，则表示已经成功移除该存储设备；若收到的是 DEV_ZOMBIE 报文，则可手动直接拔出该存储设备；若收到的是 DEV_ERR 报文，则根据 DEV_ERR 报文中反馈的错误原因进行相关操作，完成相关操作之后，再进行设备移除，从而直接产生 DEV_OFF 报文。

⑥协同调度层和资源发现层在收到 DEV_OFF 报文后都分别往下转发该报文。

⑦数据表示层在收到 DEV_OFF 报文后，则转到步骤①进行重复操作。

通过反复执行上述步骤，最终完成存储设备在数据网格系统中的移除。DEV_ERR 报文是一个用于通知设备移除过程中存在错误的报文，设备移除错误主要是由设备的状态所决定的，因此需要根据设备的状态显示对应的错误。如表 5.3 所示。

表 5.3　DEV_ERR 消息列表

设备状态	设备移除错误提示语
Busy	设备繁忙中，请稍后再试
Using	设备使用中，请稍后再试
Off	该设备已经移除，这是一个非法的操作
Set	设备正在设置权限中，这是一个非法的操作

设备访问控制协议主要包括设备访问权限设置操作。

（3）设备访问权限设置操作

存储设备的默认访问状态为只读，若应用程序需要修改其访问控制状态，可将其更改为可读写状态，当然也可以将可读写状态更改为只读状态。

从图 5.7 中可以看出，访问权限设置的主要操作流程如下。

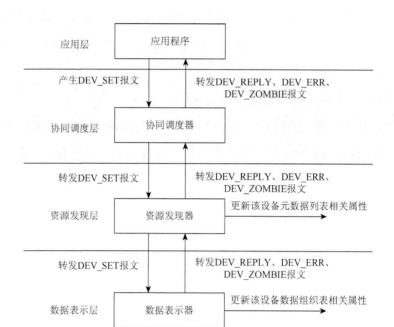

图 5.7　设备访问权限设置流程图

①应用程序根据实际分析的需要，对该存储设备的控制状态进行修改。从而形成了 DEV_SET 报文，报文中包含更改之后的控制状态。应用程序将 DEV_SET 报文发给协同调度层。

②协同调度层在接收到 DEV_SET 报文后，转发该报文给资源发现层。

③资源发现层在获得 DEV_SET 报文后，转发该报文给数据表示层。

④数据表示层将该报文转发给设备层。

⑤设备层在接收到 DEV_SET 报文后，直接根据 DEV_SET 控制状态中内容对设备驱动器中存储设备描述字段进行修改，从而更新存储设备的访问控制权限。更新

完成后,向数据表示层做一个反馈报文(DEV_REPLY、DEV_ERR 和 DEV_ZOMBIE)。

⑥数据表示层首先转发它所收到的任何反馈报文到资源发现层,若收到的为 DEV_REPLY 报文,则根据该报文中的访问控制状态更新其设备数据组织表中的相应属性。

⑦资源发现层首先转发所收到的报文到协同调度层。若收到的为 DEV_REPLY 报文,则根据其中的访问控制状态更新相关设备访问元数据相关属性条列。

⑧协同调度层直接将反馈报文转发给应用层中的应用程序。

⑨应用层中的应用程序根据所得的报文信息,进行相应的处理。

2. 数据资源动态上/下线协议和数据资源融合协议

1)相关定义

数据资源动态上线协议:完成存储设备上可用数据资源的动态发布。

数据资源动态下线协议:完成空间数据网格系统中某存储设备上所对应的数据文件的动态移除。

数据资源融合协议:完成新加入的存储设备上的数据添加到原数据文件系统中的合适地址。

其所需要的数据单元和数据组织表定义如下。

DOC(data organization cell):存储在各个存储设备上的每个数据识别单元字段。

由图 5.8 可知,整个 DOC 为 64bit 用来描述存储于存储设备上的各个数据文件。16bit 数据逻辑号描述为每个设备上各个数据的逻辑编号;而 48bit 数据内部的地址空间包括该数据所在的目录、属性等相关的数据元信息。在地理信息系统中,不同粒度层次的数据文件具有不同的 DOC 值。

DOT:存储于各个存储设备上的数据组织表。DOT 以各个存储设备为单位对存储其上的数据(DOC)进行组织。为了有效地进行组织,应该考虑以何种原则进行组织。考虑到地理空间数据的分层且具有不同的粒度的特点,应对不同粒度的数据进行有效的组织。数据组织表分为两个部分:数据组织表字段和数据组织

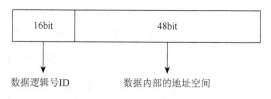

图 5.8　存储设备上每个数据的识别单元字段

表的内部组织。数据组织表字段用于报文的组织，而数据组织表的内部组织用于
DOC 组织关系的存储和描述。

　　为简化研究，本书假定一个存储设备拥有唯一的数据组织表（DOT），DOT
表 ID 与 DID 的 ID 相同，便于验证和识别。4bit 状态位用于描述该数据表存在的
状态，如可用、更新中、不可用等即时状态。4bit 的控制状态用于表示该数据组
织表是否可以添加新的数据文件。32bit 的时间戳字段用以获得该 DOT 表上次建
立的时间，从而便于得知是否值得重建。76bit 的 DOC 个数留下了足够的数据文
件个数的空间，从而保证了对每一个数据的记录。4bit 的个数校验位用于验证 DOC
个数是否正确。72bit 的 DOT 表头地址空间为 DOT 表的内部组织的第一个条目的
地址。最后的 4bit 校验位用于验证表头是否正确记录。如图 5.9 所示。

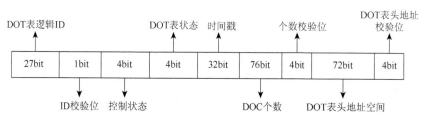

图 5.9　DOT 表存储字段

　　表 5.4 所示为 DOT 表的一个示例。DOT 表的组织结构包括两个部分，第一
部分是 8bit 的 Level 字段，第二部分为 64bit 的 DOC 字段。每个不同的 DOC 字
段表示其所对应的数据文件，8bit 的 Level 字段表示该数据文件在整个地理空间数
据组织中的层次。"0000，0000"表示最顶层的数据，"0000，0001"表示第一层
数据，"0000，0010"表示第二层数据，以此类推。这样 8bit 的层次就能将数据细
分为 256 层，从而满足了数据的不同粒度的要求。

表 5.4　某设备的 DOT 表的内部组织

Level（8bit）	DOC（64bit）
0000，0000	DOC_0
0000，0001	DOC_1
0000，0010	DOC_2
0000，0011	DOC_3
⋮	⋮

表 5.5 所示为 DOT 表中可能存在的状态，并作了简要的描述。4bit 的控制字段和 DOT 表的状态字段有着密切的联系。4bit 的控制字段中，第 1bit 用于指示是否正在进行访问控制字段的设置，0 表示没有，1 表示正在设置中。3bit 的表的状态的设置主要包括只读、可读写等访问控制状态（若考虑到群等角色访问控制，则需要增加位数）。

表 5.5　DOT 状态列表

DOT 表状态字段	状态描述
0000	Available：DOT 表已经构建完毕，随时可以使用
0001	Empty：DOT 表内的条目为空，表示最初始的状态
0010	Writing：正在更新 DOT 中的 DOC 字段，此时不能读，也不能写
0011	Reading：已经有程序正在读取 DOT 表中的信息
0100	Error：DOT 表出现了错误

图 5.10 所示为在数据资源融合过程中需要用到的 DCRT 表字段，用于记录有多少 DOC 数据文件被复制到数据网格中的其他节点。27bit 的 DCRT 表逻辑 ID 可考虑为 DOT 表的反码。4bit 的 DCRT 表的状态用于表示该表是否可用、更新等状态。76bit 的 DOC 个数用于记录有多少的文件被复制到其他节点。180bit 的 DCRT 表头地址空间用于指出其具体的复制融合记录所在地址。

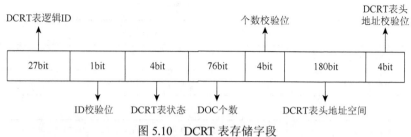

图 5.10　DCRT 表存储字段

DCRT 表存储于新加入的存储设备节点，并由自身负责维护。从表 5.6 中可以看出，若 Status 位为 OK，则表示该数据文件已经被复制到对应的 IP 和端口所在地址中。反之，若为 FAIL，则表示该数据文件仍在新加入的存储节点之中。

表 5.6　设备 DOT 表中各数据单元的融合记录表（DCRT）

DOC（64bit）	Status（4bit）	IP（32bit）	Port（16bit）	DOC（64bit）
DOC_0	OK	192.168.1.1	1223	DOC_0
DOC_1	OK	192.168.1.1	1223	DOC_1
DOC_2	OK	192.168.1.2	3211	DOC_2
DOC_3	OK	192.168.1.2	3211	DOC_3
DOC_4	FAIL	Null	Null	Null
⋮	⋮	⋮	⋮	⋮

2）报文格式

一旦设备被存储系统所识别，位于数据表示层的数据表示器就要对存储设备上的数据进行 DOC 和 DOT 的识别和组织。当获得存储设备上的数据组织表 DOT 之后，资源发现层就需要对相应的数据进行元数据发布。主要的协议消息格式如图 5.11 所示。

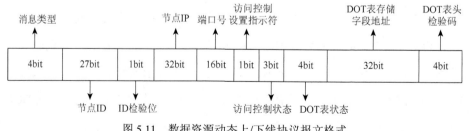

图 5.11　数据资源动态上/下线协议报文格式

由图 5.11 可知，数据资源动态上/下线报文格式包括 4bit 消息类型、27bit 节点

ID、1bit 节点 ID 检验位、32bit 节点 IP 地址、16bit 端口号、4bit 访问控制状态、4bit DOT 表状态、32bit DOT 表头地址和 4bit 对应的检验码。主要的消息类型包括数据资源动态上线和动态下线。节点 ID 就是设备的逻辑号，也是数据组织表的编号。节点 IP 是指存储设备的 IP 地址，那么端口号是指访问数据的端口。DOT 状态是指DOT 表的访问状态，如可用、更新中、已损坏等。访问控制状态则主要是指在 DOT表构建完毕之后，其是否允许添加新的数据条目。DOT 表就是每个存储设备所对应的数据组织表的表头地址。相似地，图 5.12 是数据融合协议报文格式。

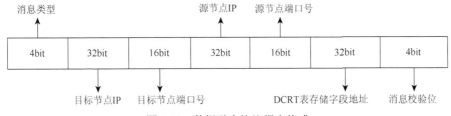

图 5.12　数据融合协议报文格式

3）消息类型

数据资源动态上/下线协议中的消息列表如表 5.7 所示。数据资源融合协议中的消息列表如表 5.8 所示。

表 5.7　数据资源动态上/下线协议中的消息列表

消息标识符	消息描述
DATA_ON	存储设备加入到数据系统中时，发布该存储设备的所有数据到元数据目录列表中，标记数据文件的状态为可用
DATA_OFF	标识存储设备上的数据为不可用，并移除该存储设备上的所有数据在数据系统中的元数据，最终移除该存储设备
DATA_IDENTIFY	用于识别存储设备上的数据，并最终形成 DOT 表
META_DATA_UPDATE	用于更新元数据列表中的相关条目
DATA_ERR	用于表示数据上/下线时产生的错误，产生一个错误的报文
DATA_ACK	表示所获得的报文正常，得到一个正面的回复报文

注：DATA_ERR 中的错误类型包括 DOT 表当前不可用、元数据列表更新失败等。

表 5.8　数据资源融合协议中的消息列表

消息标识符	消息描述
DATA_JOIN	用于执行数据资源动态融合操作
DATA_COPY	用于复制相应的数据文件
DATA_ATOMIC	用于保证元数据列表更新和数据复制操作保持一致
DATA_REMOVE	用于删除先前复制过去的数据文件

4）协议流程

数据资源动态上/下线协议和数据资源融合协议的主要协议流程如下。

（1）数据识别（DATA_IDENTIFY）

数据识别操作的目的在于将新加入的存储设备上的所有数据文件按照合适的组织方式导入 DOT 表中。DOT 表由两部分组成，其一为 DOT 表存储字段，其二为 DOT 表存储内部结构表。

数据识别操作由设备动态上线协议所触发，触发时已知该设备的 27bit 逻辑 ID，并已经形成一个空的、且以该设备 ID 命名的 DOT 数据存储字段。数据识别操作运行于即插即用协议中的数据表示层，实现的是一种资源发现过程。关于如何获得存储设备上的数据资源的组织条目，这是本书研究的重点，现在仅给出一个朴素的算法思想。

数据识别操作的主要流程如下。

①根据设备逻辑 ID 访问该设备的根目录。

②以树的形式遍历该设备，同时以数据文件的属性说明作为重要的组织参考，形成 DOC 条目。将目录的层次作为 DOT 中 Level 的依据等以形成 DOT 中的各个 Tuple。

③将 DOT 表存储字段中的状态字段设置为 Writing，同时将 DOC 及其 Level 一并写入 DOT 表内部结构表中。

④完成整个设备的遍历和 DOT 表内部结构表之后，对 DOT 存储字段进行设置。设置完毕之后，将其状态更新为 Available，控制状态为 Read Only。

⑤完成 DATA_IDENTIFY 操作后，数据表示层产生 DATA_ON 报文，并提交给资源发现层。

（2）数据资源动态上线协议流程

数据资源的动态上线协议是在数据识别完成之后触发的一个过程，通过一系列相关的报文的相互协作以完成设备上数据资源的自动更新，并为数据分析提供基本的原始数据支持。

由图 5.13 可知数据资源动态上线的主要流程如下。

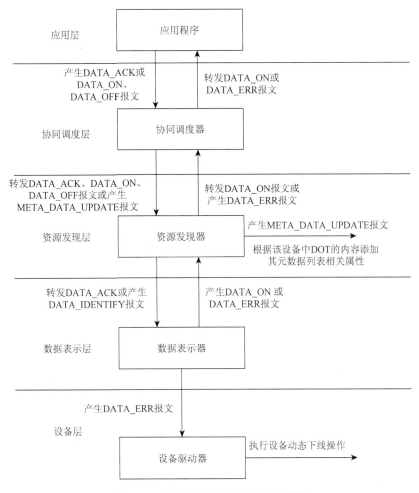

图 5.13 数据资源动态上线协议流程图

①数据表示层在完成 DATA_IDENTIFY 操作之后,自动产生 DATA_ON 报文。新产生的 DATA_ON 默认报文包括 27bit 的本存储设备逻辑 ID（节点 ID）、32bit 本存储设备的 IP 地址及 16bit 本存储设备使用该存储数据所开放的端口号、访问控制设置符为"0"、访问控制状态默认为"只读"、24bit DOT 状态为"Available"、32bit DOT 表存储字段地址。若 DOT 状态为非"Available",则产生 DATA_ERR 报文。

②资源发现层在收到来自数据表示层的报文后,若为 DATA_ERR 报文,则产生 DATA_IDENTIFY 报文给数据表示层,以重新启动设备上数据资源的相关信息

在 DOT 表中的信息填写工作。若这种重复次数少于 3 次，则转至步骤①，否则将 DATA_ERR 报文转发给资源发现层；若为 DATA_ON 报文，则表示在数据表示层中所获得的信息正确无误，进而产生 META_DATA_UPDATE 报文（该报文负责 DOT 表中的元数据条目和数据存储器中元数据列表中的条目之间的更新操作）。在完成 META_DATA_UPDATE 操作之后，若元数据列表更新失败，则产生 DATA_ERR 报文，否则资源发现层转发 DATA_ON 报文给协同调度层。

③协同调度层收到来自资源发现层的报文后，若为 DATA_ON 报文则转发给应用层中的相关的应用程序，若为 DATA_ERR 报文则产生 DATA_ON 报文提交给资源发现层。协同调度层反复收到最近这段时间内该存储设备的 DATA_ERR 报文，则将 DATA_ERR 报文转发给应用层。若 DATA_ERR 报文中的错误为元数据列表更新失败，则产生 META_DATA_UPDATE 报文，反复三次失败则同样将 DATA_ERR 报文转发给应用层。

④应用程序收到协同调度层的相关报文后，若为 DATA_ON 报文，则进行相关数据的更新，同时产生 DATA_ACK 报文以进行正确数据资源动态上线确认，并发送给协同调度层；若为 DATA_ERR 报文，则产生 DATA_OFF 报文并提交给协同调度层。

⑤协同调度层收到来自应用层的报文后，则直接转发 DATA_ACK 和 DATA_OFF 报文给资源发现层。

⑥资源发现层收到 DATA_ACK 报文后转发给数据表示层，若收到来自协同调度层的 DATA_ON 报文，则产生 DATA_IDENTIFY 报文给数据表示层。

⑦数据表示层收到 DATA_ACK，则表示数据资源动态上线整个流程正确完成，若收到的是 DATA_IDENTIFY 报文，则重新启动 DATA_IDENTIFY 操作。若最终失败，则产生 DATA_ERR 报文提交到设备层。

⑧设备层收到 DATA_ERR 报文，则进行执行设备动态下线操作。

（3）数据资源融合协议流程

数据资源的融合是为了提升空间信息系统的处理性能，同时为了使存储设备中的数据能够对原有数据系统中的数据文件进行动态更新进而获得最新的数据支持。

　　数据资源的融合是指从新加入存储设备中数据融合到原有的数据系统存储设备中，进而优化数据资源的组织和管理。

　　数据资源融合操作不是一个动态过程，而是一个人机交互过程，是一个以分析者为导向，同时自动获得最佳的数据存储节点，进而完成数据资源的复制和元数据列表的更新。

　　数据融合协议的主要流程如图 5.14 所示。

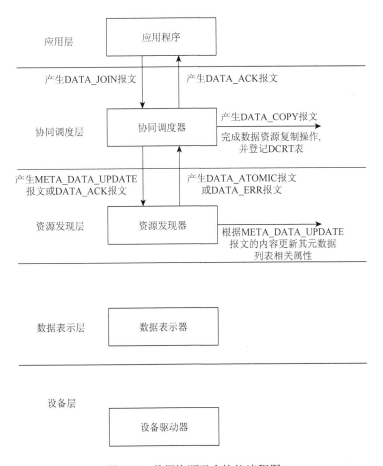

图 5.14　数据资源融合协议流程图

　　从图 5.14 中可以看出，整个数据资源融合协议运行于应用层、协同调度层和资源发现层。应用层主要完成与分析者的交互。协同调度层主要完成节点间数据的复制和该新加入存储设备的 DCRT 表的填写。资源发现层主要完成对应的元数据列表的更新，同时与协同调度层一起完成数据资源更新的原子操作，从而保证数据资源融合操作的成功。其主要流程如下。

①数据分析人员在应用程序中提出数据融合操作的请求，该请求自动产生 DATA_JOIN 报文，并提交给协同调度层。初始的 DATA_JOIN 报文仅填写源节点 IP、源节点端口号、DCRT 表存储字段地址，而目标节点 IP 和目标节点端口号为默认的"0"。

②协同调度层收到 DATA_JOIN 报文之后，执行候选节点定位操作，并完成数据资源复制计划，进而登记 DCRT 表，并设置 DCRT 表为更新状态。登记完成后，产生 META_DATA_UPDATE 报文，提交给资源发现层。

③资源发现层收到 META_DATA_UPDATE 报文后，根据 META_DATA_UPDATE 报文的内容和 DCRT 表中的内容完成相关元数据列表的更新。更新完成后，若更新出错，则产生 DATA_ERR 报文，并提交给协同调度层。若更新正确，则产生 DATA_ATOMIC 报文，并提交给协同调度层。

④协同调度层在收到来自资源发现层的 DATA_ATOMIC 报文之后，则根据所登记的 DCRT 表的内容，产生一系列 DATA_COPY 报文，从而完成数据资源的复制。数据复制成功完成后，则将 DCRT 表的状态改为可用。否则，重新选择候选的目标节点，进而重新进行 DCRT 相关条目的修改，产生 META_DATA_UPDATE 报文，并提交给资源发现层，直到新加入存储设备中的数据全部复制到合适的目标存储节点中。一旦数据融合成功，则产生 DATA_ACK 报文，提交给应用层，以作数据融合操作成功的确认。若协同调度层反复收到 DATA_ERR 报文，则转发该报文到应用层，促使应用程序放弃数据融合操作。

由图 5.14 可知，数据资源的融合的关键在于元数据列表和 DCRT 表的完全一致性如何保证。拟采用原子化要求进行严格同步。同时，另一个关键在于从提高性能的角度如何找到最佳的目标存储节点，这也是数据融合操作成败的关键。

（4）数据资源动态下线协议流程

数据资源下线是指在完成空间数据分析任务之后，为了保证新加入设备中数据的安全和保密，将该存储设备上的数据资源从数据存储系统中无痕迹地移除。移除时，存在两种情况：①该存储设备上的数据未进行数据资源融合操作，命名为 Case A；②该存储设备上的数据已完成数据融合操作，命名为 Case B。对这两种情形的数据资源的下线操作存在着差异，对第一种情况只需删除该设备相关的元数据条目即可，而对于第二种情形则要复杂得多。数据资源动态下线协议的流程具体描述如下。

从图 5.15 中可以看出，整个数据资源下线协议会最终触发设备下线协议，因为资源发现层最终会产生 DEV_OFF 报文给数据表示层。其具体的流程如下。

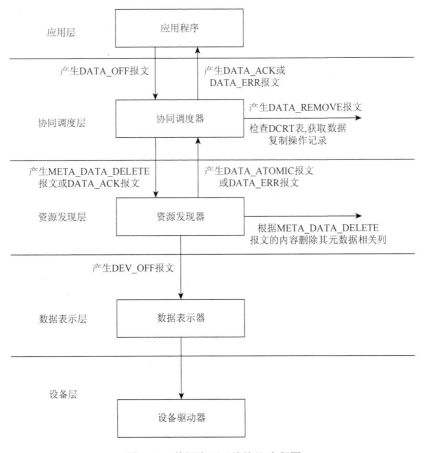

图 5.15　数据资源下线协议流程图

①数据分析者在完成数据分析之后，产生 DATA_OFF 报文，并提交给协同调度层。

②协同调度层在获得从应用层来的 DATA_OFF 报文后，检查该存储设备上的 DCRT 表，若其为空，则表明未执行数据融合操作，否则执行了数据融合操作。根据不同的情况产生不同的 META_DATA_DELETE 报文，并提交给资源发现层。

③资源发现层获得从协同调度层来的 META_DATA_DELETE 报文，检查其属于哪种类型的数据下线操作。若为 Case A，则根据 META_DATA_DELETE 报文中所指的 DOT 表的内容，删除其在元数据列表中的设备及其元数据条目，并产生 DEV_OFF 报文给数据表示层，数据表示层在收到 DEV_OFF 报文后触发设备下线操作；若为 Case B，则同样需根据 META_DATA_DELETE 报文中所指示的 DOT 表，删除元数据列表中的条目，删除完成后产生 DATA_ATOMIC 报文，并提交给协同调度层。若元数据列表删除失败则产生 DATA_ERR 报文，告知协同调度层元数据列表删除失败。若删除成功，则产生 DATA_ACK 报文，并提交给协同调度层。

④协同调度层获得资源发现层的相关报文，若为 DATA_ACK，则表示资源已经顺利下线，并转发给应用层；若为 DATA_ERR 报文且在三次以内，则再次产生 META_DATA_DELETE 报文给资源发现层，否则直接转发给应用层中的应用程序；若为 DATA_ATOMIC 报文，则读取 DCRT 表，并产生 DATA_REMOVE 报文进行相关数据在数据存储文件系统中的移除，成功移除后产生 DATA_ACK 报文并提交给资源发现层，反之则根据 DCRT 表再次产生 META_DATA_DELETE 报文提交给资源发现层。

5.4　本章小结

空间数据网格是数据网格的一个重大应用领域。空间数据网格中的数据量往往巨大，且其中的作业都是数据密集型作业。对数据密集型作业的处理，需要将作业分配到数据所在的处理节点上。由于空间数据网格之上的数据分析软件往往不能随意迁移到数据所在的节点，这就要求将空间数据复制到本地网格节点，而由于空间数据巨大，导致通过网络的方式进行数据复制耗费大量时间。一旦通过网络所需要的时间多于快递传送，这就直接导致将存储设备快递到空间数据分析系统所在地。在该情况下，就需要解决如何动态扩展该存储设备。同时，对于任何存储设备，若都采用即插即用模式进行处理，则极大地有利于存储设备的管理和维护。设备的动态扩展是指在不打搅系统的正常运行的前提之下，将设备上的数据导入空间数据分析系统之中以进行快速分析。

为了研究空间数据网格中的即插即用协议，本章首先进行了相关研究，然后对该协议的体系结构进行了分析，最后对即插即用协议进行细节的分析和设计。本书认为应首先考虑空间信息系统的体系结构，发现大部分空间信息系统的体系结构采用了层次思想，因此本书也将面向应急响应的空间信息系统划分为五层，并认为即插即用机制主要运行于其中的第二层，即数据表示层。为了对即插即用协议进行设计，又对数据表示层进一步分解，将即插即用体系结构划分为设备层、数据表示层、资源发现层、协同调度层和应用层。这五层分别在即插即用机制中扮演各自的角色，以完成数据上线、数据融合和数据下线的基本操作。为了更好地实现这三个主要操作，本书设计了 DOC 和 DOT 来对设备上的数据进行表示，又设计了一些报文和消息，最后设计了设备动态上/下线协议、设备访问控制协议、数据资源动态上/下线协议和数据资源融合协议。

研究面向应急响应的即插即用协议的意义在于为了更好地做到应急事件的快速反应，使得应急数据能够快速进入数据分析系统进而为分析提供基本保证。同时，这种动态的上线、融合和下线操作既保证了应急数据的快速分析，也在一定程度上保证了信息的安全和保密。

第6章 空间数据网格中数据资源的按需动态 扩展协议研究

6.1 研 究 概 述

根据前面几个章节的研究，数据网格中数据密集型作业的处理性能受制于数据文件及其副本在网格中各个节点的分布情况和作业调度算法。其中，Data-aware 作业调度算法着眼于如何将数据密集型作业调度到拥有其所需数据文件的最适合的处理节点上。因此，影响数据网格中作业的处理性能的关键在于其中的数据文件及其副本的合理分布。

在空间数据网格中，如何针对当前的空闲存储设备和空间的申请、使用和回收等管理手段来满足空间信息网格中分析者的分析行为需求，从而达到最佳的处理性能，是当前空间数据网格中数据资源的按需动态扩展所要研究的内容之一。核心的关注点就在于存储空间的管理如何及时而有效地服务于空间信息网格分析者的分析行为。

当前，数据网格中存储空间的管理类似于计算机中的内存分配问题。而内存分配问题已经被大量学者进行了充分的研究。内存分配的目标就在于如何在最短的时间内找到最合适的（产生最少内存碎片）空闲存储片段。文献[43]对计算机中的内存分配进行了详细的阐述，并指出在实时系统中，仍然需要解决内存分配策略中所需时间开销和内存碎片问题。然而，文献[43]并未强调应用程序的需求行为对内存分配的影响。相比于单个系统中的内存管理，数据网格中各个节点对数据文件、副本和存储空间的有效管理既要考虑到在本节点上作业处理的需要，同时要考虑整个数据网格上作业处理的整体性能。文献[44]详细综述了分布式共享内存系统的各个方面。分布式共享内存系统为了能够充分地使用各个系统中的内存资源，从而提高系统的处理性能。类似地，数据网格系统也尝试着充分使用各个网格节点的存储资源和数据文件资源以提升数据密集型作业的处理性能。

针对数据网格中数据资源的有效使用和管理，文献[45]认为数据网格中的副本管理主要涉及数据文件及其副本的复制、定位和访问。文献[46]对数据网格中的副本管理进行了深入分析。从用户角度看，数据网格中的副本管理包括核心服务、优化、安全、一致性、收集等[46]。副本管理中的优化主要包括副本选择、访问历史记录、副本初始创建。副本选择着眼于选择最合适的源数据节点，用于数据副本文件的复制；访问历史记录主要为副本优化提供各个数据文件活跃度等信息，为优化服务提供数据支持；副本初始创建则考虑在何种条件下创建副本文件。因此，这三个方面虽有所区别，但都是为了使数据网格中的各个数据文件及其副本放置于最合适的网格节点。

数据资源的按需动态扩展旨在强调如何根据分析者的行为需求动态地对数据网格中的空闲存储空间进行申请、使用，以及对已分配存储空间因长期未用而回收等。其目的就在于如何通过数据网格节点上的空间的有效管理提升数据密集型作业的处理性能。当前的研究强调在何种条件下创建副本、如何创建等。其实这与空闲存储空间的管理极为相似，然而副本的创建和管理忽视了对分析者的行为需求的考虑。

6.2　数据资源按需动态扩展协议

6.2.1　问题提出

在信息分析中，很多学者认为高质量的数据决定着分析的成败，因此地理空间分析系统的一个主要的发展趋势在于如何将多个数据源的空间数据进行整合、分析和处理。然而多源的空间数据往往是异构的，且分散在各个组织，因此需要一种技术能够将这些数据进行有效组织和处理。网格技术，特别是数据网格技术，旨在解决如何为异构的、动态的、跨组织的数据的共享和使用。空间数据网格是一种旨在解决异构、跨组织的空间数据和其他资源的共享和使用的计算服务体系。因此，一些学者尝试将空间数据网格和地理信息系统进行融合，并提出了空间信息网格。在空间信息网格中，空间数据网格为空间数据分析提供了基础设施。在地理空间数据分析中，数据量往往非常庞大，且往往随着分析者的需求动态地对相关数据作出分析。空间数据又具有多粒度的特性，随着分析的深入而逐渐深入到细节型数据。

在空间数据网格中，如何通过空间数据的组织和管理为空间信息网格提升处理效率是其研究的关键之一。空间数据分析的任务往往需要动态地获取大量的空间数据资源，而分析任务处理中往往需要在几秒钟内得到系统的响应，以方便分析者作出决策。因此，如何优化数据资源的组织和管理，特别是通过按照分析者的需要进行动态资源的组织和管理是提升其分析任务的处理性能的重要手段之一。

数据资源的按需动态扩展类似于计算机内存的分配。文献[43]认为计算机内存管理重点在于时间开销和碎片问题。同样地，数据资源的按需动态扩展也需解决时间开销和存储空间申请所导致的碎片问题。数据网格中数据资源的按需动态扩展则类似于分布式共享内存系统。文献[44]则对当前的分布式共享内存系统进行了系统的阐述，同时认为如何进行有效的副本使用、副本一致性管理等是问题的关键。通过创建多个副本是解决分布式共享内存系统中提升作业处理性能的关键手段之一。同样地，在数据网格领域，如何通过创建数据文件的多个副本文件也是提升作业处理性能的手段之一。文献[45]、[46]对数据网格中的数据文件及其副本管理进行了细致的阐述，认为副本管理的优化主要涉及副本选择、访问历史记录和副本初始创建等。其核心的思路是首先记录数据网格节点上的各个数据文件的访问情况，然后根据访问历史记录判断是否需要创建某个数据文件的副本，最后选择合适的源节点和目标节点进行副本创建的实施。然而，这种方法忽视了分析者分析行为的需求，无法实时地根据分析者行为需求的转变对数据网格中数据文件进行有效的优化。

6.2.2 数据资源按需动态扩展协议体系结构

空间数据网格中的动态扩展问题是指面向规划与使用的对未分配或已分

配但长期空闲的存储设备及空间的申请、回收等管理问题。按需动态扩展以数据分析者为导向，旨在解决根据不同的需求如何动态地对空间数据网格中的未分配或已分配但长期未使用的存储设备或空闲存储空间的申请和回收等管理问题。

为了使动态扩展能够满足分析者的不同的需求，同时要通过存储空间的动态扩展来提升空间信息网格中分析任务的处理性能，结合图 6.1 和图 6.2，本章从相关信息收集、需求分析和动态扩展手段等三个方面来对数据资源的动态扩展协议进行设计和分析。数据资源动态扩展协议设计与分析首先需要考虑其中的体系结构的设计。

决策执行层	扩展规则的执行
决策制定层	访问行为分析、需求分析和扩展规则的制定
信息采集层	收集与交流各种相关信息

图 6.1　按需动态扩展协议体系结构

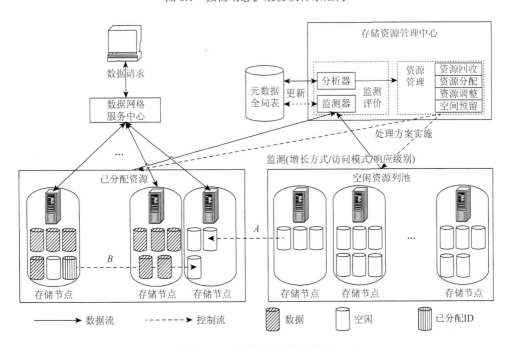

图 6.2　动态扩展协议拓扑图

协议的体系结构设计是实现数据资源按需动态扩展协议的关键。

6.2.3　数据资源的按需动态扩展协议设计与分析

数据资源的按需动态扩展是对数据资源存储系统中的数据文件和副本、空闲存储单元和设备等通过回收、复制、申请空闲空间等处理以满足不同的分析需求，同时能提高分析任务的处理性能。因此，基本思路是通过采集数据存储系统上的相关信息来进行数据分析，然后根据一系列的分析手法产生扩展规则，从而使数据资源可进行动态扩展以满足分析任务的数据存储要求，同时能提升分析任务处理性能。

按需动态扩展协议包括信息采集协议、决策制定策略和决策执行协议。

信息采集协议是指信息采集层所负责的相关信息的收集手段的通信协议化。决策制定策略是着眼于如何在监测评价子模块中完成数据存储系统和任务的分析，并最终形成可行的执行规则。决策执行协议运行于决策执行层和分布式存储系统中各个存储节点，完成动态扩展规则的实施。下面从相关定义、报文格式、消息类型及操作流程四个角度进行阐述。

1. 信息采集协议

1) 相关定义

为了更好地阐述信息采集协议，首先给出了信息采集协议所运行的环境，然后对采集双方（运行于存储资源管理中心的监测器模块和各个数据存储节点上的收集器）上的存储内容进行定义，并进行设计。

从图 6.3 中可以看出，在每个存储节点上都运行一个信息收集器（IC），负责从本地获得存储设备的分配情况、数据文件的访问情况以及负载情况等信息的收集。运行于存储资源管理中心的监测器模块（ID），负责接收来自信息收集器发送的报文和信息存储。

数据存储设备上的信息收集器中的存储字段如下。

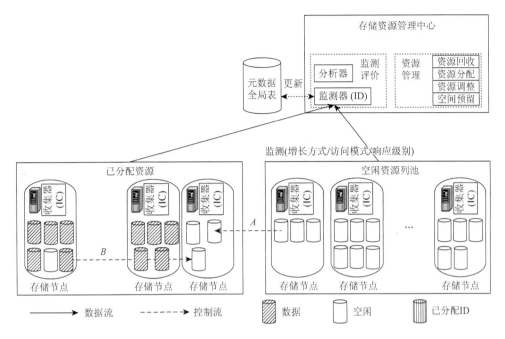

图 6.3　信息采集协议运行环境图

　　图 6.4 和图 6.5 对数据存储设备上的任一存储片段的使用状况以及具体最近一段时间内的访问情况进行了存储字段设计。图 6.4 中，32bit 时间戳字段是指从距离最近的一次访问算起前推一段时间段。图 6.5 记录的是在那个时间段内，

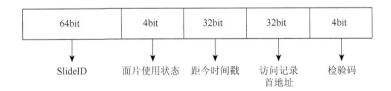

图 6.4　单个面片使用情况存储字段

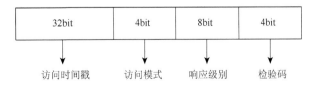

图 6.5　单个面片访问状况存储字段

该存储面片所访问的情况。若在这段时间之外的面片访问情况，则从该存储字段中移除。

为了提升系统的处理性能，需要采集各存储设备上系统的当前处理性能。

从图 6.6 中可以看出，各存储节点的负载情况由信息收集器负责收集，主要内容包括 27bit 存储设备逻辑 ID、32bit 当前时间、8bit 当前 CPU 使用率、8bit 当前内存使用率、8bit CPU 中作业等待队列中的作业数、8bit 当前可用设备 I/O 带宽、8bit 当前可用网络带宽和 5bit 整个存储字段的校验位。

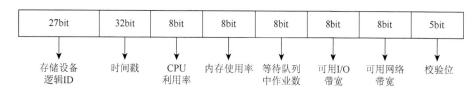

图 6.6　各存储节点负载情况字段

对于存储管理中心的监测器模块，也需要将从各收集器中所获得的信息进行存储，存储时也分为两类：一类是数据文件的使用情况的统计；另一类是各存储设备节点的负载信息。因此可以借用各个存储设备上的存储字段，并作一些细节的调整，具体如下。

图 6.7 所示为各个存储设备节点的面片使用情况的统计，包括 8bit 面片使用数、8bit 已分配但未使用的面片数、8bit 已存在于设备节点但未申请使用的面片数和 32bit 各个 SlideID 面片的使用状况。这 32bit SlideID 面片访问记录表头指向图 6.4。对于各存储设备节点的负载情况，可以采用图 6.6 的形式进行存储，不同的设备逻辑 ID 可以对不同的存储节点的负载情况进行区分。

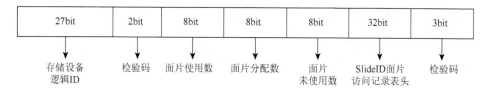

图 6.7　各存储设备面片使用情况统计表字段

2）报文格式

在信息采集阶段，存储资源管理中心中的监测模块和各个存储节点上的信息收集器之间需要进行报文交换，从而完成对数据存储设备的监控，便于后续的相关信息分析、规则的制定以及规则的执行。主要涉及的报文包括存储面片使用情况统计报文、单个面片使用状况报文、设备负载状况报文。

图 6.8 所示为单个设备上所有面片使用情况统计报文，其中 4bit 报文类型表示采用这种报文格式的报文类型，3bit 控制位指出后续的 8bit 面片使用数、8bit 面片分配数和 8bit 面片未使用数上哪一个、两个或全部都发生了变化，如"001"表示最后 8bit 面片未使用数上与上次的报文有差别，"110"表示面片使用数和面片分配数都发生了变化而面片未使用数不变。

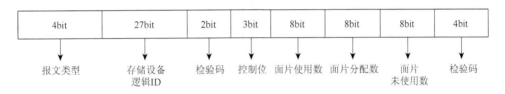

图 6.8　单个设备所有面片使用情况统计报文

图 6.9 描述了存储系统中单个面片的访问情况报文，在该报文中，64bit SlideID 地址作为唯一的面片标识码。4bit 面片使用状态表示该面片的状态，如只读、可读写等。32bit 时间戳表示该面片最新被访问的时间，而 4bit 访问模式是指该面片采用何种访问模式，如分布式访问、随机访问等。8bit 响应级别是指该面片被访问时采用何种优先级。

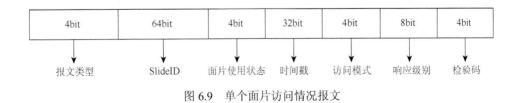

图 6.9　单个面片访问情况报文

图 6.10 描述了各个存储节点负载情况报文，其中 5bit 控制位用于指出后续的

哪几个 8bit 位中的数据被更新过。

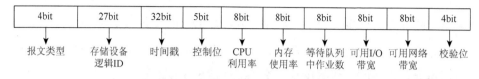

图 6.10　各存储节点负载情况报文

3）消息类型

在信息采集协议中，针对上述报文主要的消息类型如下。

表 6.1 描述了单个设备所有面片使用情况统计报文，并叙述了不同报文类型所对应的字段。其中，DEV_SLID_REQ 和 DEV_SLID_ACK 来自于存储资源管理中心，而另外的三个报文则发自各个存储节点。

表 6.1　单个设备所有面片使用情况统计报文类型

报文类型	相关描述
DEV_SLID_REQ	0011：存储资源管理中心向各个存储节点发出的请求报文
DEV_SLID_UPDATE	1100：各个存储节点的积极响应报文
DEV_SLID_ERR	1111：各个存储节点的负面响应报文，表明获取错误
DEV_SLID_INIT	0000：各个存储节点的报告初始的片面统计情况报文
DEV_SLID_ACK	1010：存储资源管理中心向各个存储节点的应答报文
（保留）	（保留）

表 6.2 描述了单个面片的访问情况报文，并叙述了不同报文类型所对应的字段。其中，SLID_ACCESS_REQ、SLID_ACCESS_ACK 来自于存储资源管理中心，而另外的三个报文则发自各个存储节点。

表 6.2　单个面片访问情况的报文类型

报文类型	相关描述
SLID_ACCESS_REQ	0011：存储资源管理中心向各个存储节点发出的面片请求报文
SLID_ACCESS_UPDATE	1100：各个存储节点的积极反馈该面片信息的报文
SLID_ACCESS_ERR	1111：各个存储节点的负面响应报文，表明面片访问信息的获取错误

报文类型	相关描述
SLID_ACCESS_INIT	0000：各个存储节点的报告初始的片面访问情况报文
SLID_ACCESS_ACK	1010：存储资源管理中心对各个存储发出的响应报文
（保留）	（保留）

表 6.3 描述了各个存储设备节点的情况报文，并叙述了不同报文类型所对应的字段。其中，DEV_LOAD_REQ、DEV_LOAD_ACK 来自于存储资源管理中心，而另外的三个报文则发自各个存储节点。

表6.3　各存储节点负载情况的报文类型

报文类型	相关描述
DEV_LOAD_REQ	0011：存储资源管理中心向各个存储节点发出的负载情况请求报文
DEV_LOAD_UPDATE	1100：各个存储节点的积极反馈该存储设备的负载情况
DEV_LOAD_ERR	1111：各个存储节点的负面响应报文，表明获取该存储设备的负载错误，需要作一些调整
DEV_LOAD_INIT	0000：各个存储节点的报告初始的该设备负载情况的报文
DEV_LOAD_ACK	1010：存储资源管理中心向各个存储节点的响应报文
（保留）	（保留）

4）操作流程

信息采集协议运行于各个数据存储节点中的信息收集器（IC）和存储资源管理中的监测器模块（ID）之间，因此下面的流程就从这两个角度进行叙述。为了更好地进行阐述，首先给出图示，然后再对流程进行文字叙述。

图 6.11 所示为信息采集协议中的主要流程。整个流程中主要涉及信息收集器与信息监测器之间的通信。主要流程描述如下。

（1）当一个存储设备在接入存储系统时，由信息收集器发送一个报文 DEV_SLID_INIT 报文给信息监测器。

（2）信息监测器在收到 DEV_SLID_INIT 报文后，创建相关的存储信息，并

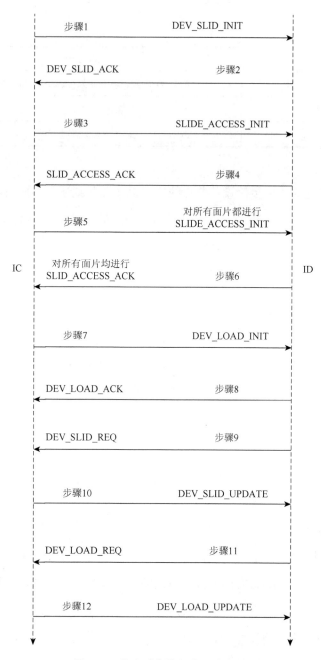

图 6.11　信息采集协议主要流程图

做出一个反馈报文 DEV_SLID_ACK，以表示确实收到 DEV_SLID_INIT 报文。

（3）IC 在收到 DEV_SLID_ACK 报文后，需要将本地存储节点上的面片访问情况报告给 ID，于是发送一个 SLIDE_ACCESS_INIT 报文，使 ID 能够做好基本工作。

（4）ID 在收到 IC 的 SLIDE_ACCESS_INIT 报文后，完成面片初始化准备，并发送 SLIDE_ACCESS_ACK 报文。

（5）IC 收到 ID 发送的 SLIDE_ACCESS_ACK 报文，并从中得知 ID 端已经做好初始化的准备，于是开始大量提交各个面片的 SLIDE_ACCESS_INIT 报文。

（6）ID 对所有面片进行 SLIDE_ACCESS_ACK 报文发送。

（7）上述任务完成后，IC 端发送 DEV_LOAD_INIT 报文，以告知 ID 端本节点的负载情况。

（8）ID 端发送 DEV_LOAD_ACK 作出响应。

（9）ID 端发送 DEV_SLID_REQ 报文，以确认各个面片的使用情况。

（10）IC 端发送 DEV_SLID_UPDATE 作出反应，并指出需要修改或调整之处。

（11）在一些任务处理中，需要知道节点实时的负载情况，此时，ID 端发送 DEV_LOAD_REQ 报文。

（12）IC 端发送 DEV_LOAD_UPDATE 作出响应。

从图 6.11 中可以看出，其基本顺序是：首先，设备进行初始化；其次，设备上的面片进行初始化；最后，进行设备负载情况的初始化；其他请求在这三个初始化之后，可以分别进行，也可以随意进行调整和更新。

2. 决策制定策略

1）相关定义

决策制定策略是指将信息采集阶段所获得的信息根据不同的指导原则，如按需动态调整等，同时结合相应的算法来获得决策规则。

决策制定策略的目的在于产生一系列处理规则，并将这些规则的结果进行分类，最终得到如下示例规则。

If 某个面片访问极为频繁，then 产生该面片的多个副本。

这个示例告诉我们整个规则包括两个部分，前部分为前提条件，后部分为处理方案。前提条件需要根据不同的算法来产生不同的条件集合，而处理方案则是一系列先后排列的操作命令集合。

下面需要解释决策制定策略所处的环境，然后对存储资源管理中心的分析模块进行剖析，最后再对整个流程进行阐述。

如图 6.12 所示，决策制定策略运行于存储资源管理中心的分析器模块和元数据全局表中。元数据全局表可作为存储资源管理中心的后台数据库，因此整个决策制定策略运行于该中心的内部，主要解决如何从获得的信息中产生规则的问题。

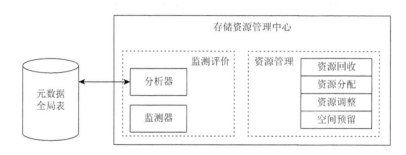

图 6.12　决策制定策略所处环境

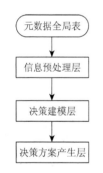

图 6.13　分析器内部
各功能层析关系图

2）分析器内部功能分层与设计

整个分析器内部分为信息预处理层、决策建模层和决策方案产生层。

由图 6.13 可知，这三个层析相互独立，且先后执行。首先由信息预处理层从元数据全局表中获得相关信息再进行数据预处理，然后将处理结果交给决策建模层以根据这些信息产生评价函数，最后根据不同的结果产生不同的决策方案。决策方案是一个决策实施说明书。下面详细介绍各层中所要做的工作。

（1）信息预处理层

信息预处理层的目的是对原始信息进行优化，剔除一些不合理的数据，并对原始数据进行归一化处理，最终使原始数据可用。

（2）决策建模层

根据信息预处理层所得的数据作为决策分析的影响因素，并构建一个数据模型。这个模型以信息预处理所得的结果作为输入，并以评价结果作为输出。为了对数据进行合理的决策建模，我们采用数据挖掘中分类的思想，首先给出一些典型情形的相关数据，以及与之对应的合理的处理方案，不同的处理方案为不同的类别。举例如下。

某个 SlideID 所对应的数据面片近段时期访问非常频繁，且数据文件存储系统中该数据面片个数较少，那么其对应的处理方案为 A。其中，方案 A 表示一个类。

我们也可以继续设计和测试一些案例，这些案例都具有不同的访问行为，然后给出合理的处理方案，并进行标记，将其存储于元数据全局表中。整个决策建模的过程就是判断新数据面片访问行为及其他相关数据是否与给定的典型案例相近，或者说与各个典型类之间的相似程度有多少。我们选择最近的典型案例所在的类作为该数据面片上采取的方案。

（3）决策方案产生层

决策方案产生层的目的是要得到一个可执行的决策方案实施说明书。因此整个决策方案产生层就是要做到各个类相关联的决策方案实施说明书的映射。这种映射关系又分为两种方式，一种为静态设定，另一种为动态调整设定。静态设定是指手动地设置典型情形所分的类与决策方案集的对应关系；而动态调整设定是指由于一些面片信息与任何一个典型情形都不太相似，此时将其分为任何预先设定的类型都不太合理，这就需要对其进行调整。例如，寻找与其最为相似的两个类，然后找到这两个类的交集作为决策方案。

3）决策方案设计

决策方案设计的核心是决策方案说明书的设计。整个决策方案说明书包括方案类型、处理步骤、各步任务等部分。

方案类型是指整个决策方案的类别。

处理步骤是指先数据资源回收，还是先空间申请等，各种操作存在一个先后顺序。

各步任务是指每个步骤，如空间申请需要填写清楚具体的处理细节。

4）决策分析流程

图 6.14 所示为整个决策制定策略的主要流程。整个流程被分为三个层次，即信息预处理层、决策建模层和决策方案产生层。信息预处理层通过数据预处理算法对元数据全局表中那些未被分类的条列进行数据处理以获得统一且高质量的数据预处理数据。决策建模层对来自信息预处理层的预处理数据采用合适的分类算法，并将元数据全局表中那些已经被分类的条目作为参考分类知识进行分类。决策方案产生层依据决策建模层中的分类结果，并参考典型分类及对应的处理方案映射集进行对照，找出合适的处理方案，并最终形成决策方案实施说明书。

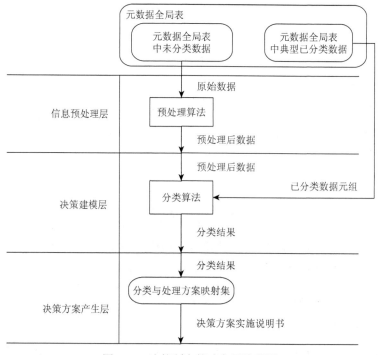

图 6.14　决策制定策略主要流程图

3. 决策执行协议

1）相关定义

决策执行协议是指将决策制定协议所得的决策处理方案进行执行。这种执行操作要求作为一个原子操作，也就是不能在决策执行过程中打断。整个执行内容包括数据文件系统中数据文件副本的产生和管理、空闲设备的申请和回收、空闲存储面片的申请和回收以及相关数据索引列表的更新等。

为了方便理解决策执行协议，我们展示了决策执行协议的运行环境，如图 6.15 所示。其中，该协议的主要参与方是存储资源管理中心的资源管理模块、各个存储节点的资源处理器以及全局数据索引列表。

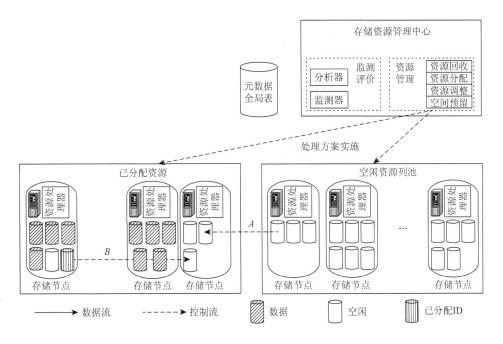

图 6.15　决策执行协议的运行环境图

2）报文格式

由于整个决策实施方案应该作为一个整体进行处理，而一个实施方案中往往包括一系列操作，如资源回收、资源分配、资源调整、空间预留等，因此，在设计这些主要的操作的报文的同时，还需要设计辅助管理的报文。因此主要的报文包括决策执行管理报文（图 6.16）、资源回收报文（图 6.17）、资源分配报文（图 6.18）、空间预留报文（图 6.19）、资源更新报文（图 6.20）。

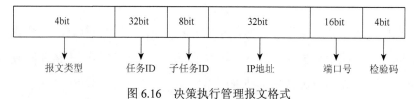

图 6.16　决策执行管理报文格式

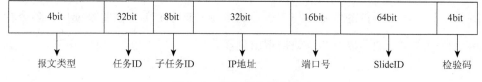

图 6.17　资源回收报文格式

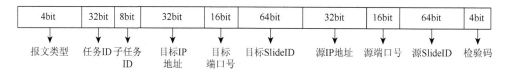

图 6.18　资源分配报文格式

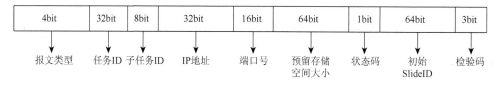

图 6.19　空间预留报文格式

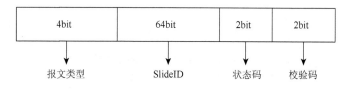

图 6.20　资源更新报文格式

　　决策执行的操作对象是各个存储节点的资源处理器（RP）。因此决策支持管理报文要发送给它，就需要指定其 IP 地址和端口号。每个任务都有一个 ID，子任务 ID 表示该任务说明书的小任务的编号。

　　资源回收主要是回收某个面片的数据，如果这个面片比较大，则回收该面片及其以下的所有数据。

资源分配是指将来自源节点上的 SlideID 所对应的数据文件复制到目标节点的空闲存储空间。

空间预留是指在某个空闲存储节点预留一段存储空间，并申请足够的未使用的存储空间大小。其中，1bit 的状态码用于标识该存储空间是未使用，还是已分配但未使用。

图 6.20 中的 2bit 状态码用于标识状态：未分配、已使用、已分配且未使用。该报文由各个存储节点在收到任务结束命令之后自动产生。

3）消息类型

针对上述报文，下面给出决策执行管理报文如表 6.4 所示，以及决策处理报文如表 6.5 所示。

表 6.4　决策执行管理报文类型

报文类型	相关描述
TASK_START	0000：表示决策执行任务刚刚开始，并请求所对应的 IP 地址设备负责后续的决策执行操作
TASK_ACK	0011：表示任务没有结束，需要继续
TASK_END	1111：表示任务已经处理结束
TASK_ERR	1100：表示任务处理过程中失败
TASK_AGAIN	1010：表示任务处理失败后，重新尝试该任务
（保留）	（保留）

表 6.5　决策处理报文类型

报文类型	相关描述
TASK_RECLAIM_EXEC	0000：表示决策执行任务刚刚开始，并请求所对应的 IP 地址设备负责后续的决策执行操作
TASK_DISPATCH_EXEC	0011：表示任务没有结束，需要继续
TASK_RESERVE_EXEC	1111：表示任务已经处理结束
（保留）	（保留）

在整个任务执行过程中，存储资源管理中心负责任务的分配，而真正执行者是各个存储节点上的资源处理器，且一个任务只能被唯一的资源处理器进行处理。资源更新报文如表 6.6 所示。

表 6.6　资源更新报文类型

报文类型	相关描述
RES_UPDATE	0000：表示各个存储节点在决策任务执行结束后，向数据资源索引列表发送更新操作报文
RES_UPDATE_ACK	0011：表示资源更新成功，得到一个积极的应答
RES_UPDATE_ERR	1100：表示资源更新失败，需要重新尝试
RES_UPDATE_END	1111：表示资源更新结束
（保留）	（保留）

各种处理决策处理报文由任务管理报文负责应答。

4）操作流程

图 6.21 所示为一个简单的决策执行协议基本流程图。在图 6.21 中假定任务的执行都在某个存储节点之上。为便于阐述，资源管理模块简称为 RMM，资源处理器为 RP，元数据索引列表为 MDIL，其主要流程如下。

（1）RMM 向某个存储设备中的 RP 提出任务处理要求，提交一个 TASK_START 报文给 RP。

（2）RP 在收到 TASK_START 报文后，若同意处理，则反馈报文 TASK_ACK，并确定了任务 ID。

（3）RMM 收到 TASK_ACK 报文后，知道该 RP 同意处理，则发送处理子任务，如 TASK_RECLAIM_EXEC 报文，该报文与大任务具有相同的任务 ID，不同的是其子任务 ID。

（4）RP 收到该 TASK_RECLAIM_EXEC 报文后，首先记录其子任务 ID，然后根据该报文的内容进行处理，处理结束后，若成功，则反馈一个 TASK_ACK 报文。

（5）RMM 收到了 TASK_ACK 表明之前子任务已经顺利完成，则发送下一个子任务，如 TASK_RESERVE_EXEC 报文。

（6）RP 收到该 TASK_RESERVE_EXEC 报文后，首先记录其子任务 ID，然

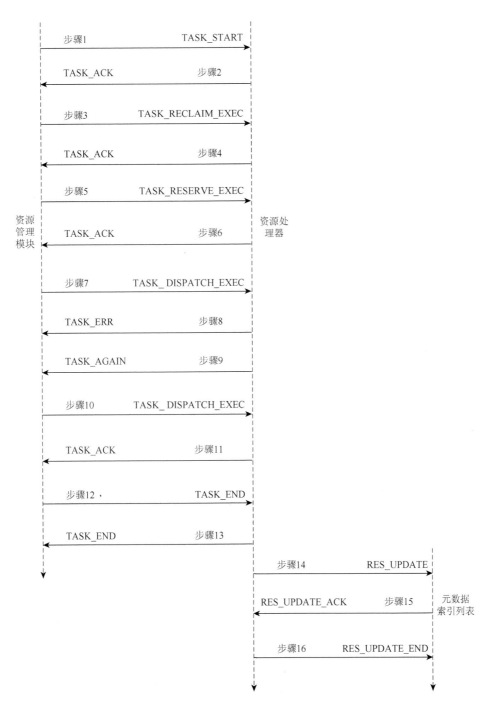

图 6.21　决策执行协议基本流程示意图

后根据该报文的内容进行处理，处理结束后，若成功，则反馈一个 TASK_ACK 报文。

（7）RMM 收到了 TASK_ACK 表明之前子任务已经顺利完成，则发送下一个子任务，如 TASK_DISPATCH_EXEC 报文。

（8）RP 收到该 TASK_DISPATCH_EXEC 报文后，首先记录其子任务 ID，然后根据该报文的内容进行处理，处理结束后，若失败，则反馈一个 TASK_ERR 报文。

（9）RP 打算再执行一次，则发送 TASK_AGAIN 请求。

（10）RMM 收到了 TASK_AGAIN 表明 RP 想再执行一次之前的任务，则再次发送之前的子任务，如 TASK_DISPATCH_EXEC 报文。

（11）RP 若这次执行成功，则发送 TASK_ACK 报文。

（12）RMM 完成了决策任务，则发送 TASK_END 报文给 RP。

（13）RP 收到 TASK_END 报文，则进行确认，也发送 TASK_END 给 RMM，RMM 收到 TASK_END 则自动结束该任务。

（14）RP 完成了决策任务处理之后，立即向 MDIL 发送 RES_UPDATE 报文。

（15）MDIL 收到 RES_UPDATE 报文后，则完成索引列表的更新，若成功，则直接反馈一个 RES_UPDATE_ACK 报文。

（16）RP 收到 MDIL 的 RES_UPDATA_ACK 报文后，表示资源列表更新已经处理结束，则向 MDIL 发送 RES_UPDATE_END 报文进行结束确认。

至此，整个决策执行协议结束。

6.3　本 章 小 结

本章详细介绍了空间数据网格中的按需动态扩展协议。首先对动态扩展协议的体系结构进行了设计，认为其包含信息采集层、决策制定层和决策执行层，然后对这三个层次进行了分析，并提出了动态扩展协议包括信息采集协议、决策制定策略和决策执行协议，最后对这三个协议的细节进行了设计和流程分析。

　　本章主要的创新点在于：①借用数据挖掘中的数据预处理算法和数据分类算法用于决策方案的制定；②采用决策方案说明书的形式对最后的决策实施进行了任务组织和执行。

　　空间数据网格中的按需动态扩展协议从相关定义、报文格式、报文类型、协议流程等角度细致地阐述并证明了该协议的可行性，值得进一步研究。

第7章　结论与展望

1. 结论

数据网格作为网格计算领域的一类非常重要的网格，其重点在于如何提升数据密集型作业的处理性能。本书针对数据网格的几个相关的重点问题进行了深入研究，主要的工作罗列如下。

（1）对数据网格进行了简介，并对数据网格中面临的研究问题进行了描述，同时对数据网格领域的一些代表项目作了介绍。

（2）研究了数据网格中的副本替换算法。首先从副本管理出发，认为副本替换是当前数据网格领域中一个非常重要的研究问题；其次对副本替换算法进行了简要的介绍；然后针对当前副本替换算法中将单个数据文件的访问记录作为副本替换的基本依据的不合理性，认为应该考虑数据文件的被访问行为的相关性，并将此作为副本替换的一个重要的影响因素，提出了一个基于 Apriori 算法的关联副本替换算法；最后针对副本替换时存在着单个数据文件在整个数据网格中频繁访问而在单个存储节点却并不频繁的现象，提出了一个基于 LFU 的全局最少使用副本替换算法。

（3）研究了数据网格中的数据密集型作业的调度算法。首先对数据密集型计算进行了简要介绍；其次对数据密集型作业的调度算法进行了综述；然后针对当前 Gfarm 数据网格中数据密集型作业的调度问题，提出了一个借助于 LSF 中的作业管理中的调度机制，并实现了一个 Data-aware 调度算法；最后对当前基于访问代价的调度算法中的影响因素进行研究，认为作业等待队列中作业的潜在行为会导致作业在调度时和处理时数据分布有所不同，因而提出了一个基于访问代价并结合作业潜在行为的作业调度算法（ACPB）。

（4）研究了空间数据网格中面向应急响应的即插即用协议。首先简要介绍了空间数据网格；然后对即插即用机制进行了简要介绍；最后提出了一个在空间数据网格中的即插即用协议。该协议包括设备动态上/下线协议、设备访问控制协议、数据资源动态上/下线协议和数据资源融合协议。

（5）研究了空间数据网格中数据资源的按需动态扩展协议。首先对当前的按需动态扩展进行综述；然后提出了一个空间数据网格中数据资源的按需动态扩展协议。按需动态扩展协议包括信息采集协议、决策制定策略和决策执行协议。

2. 展望

数据网格是当前的一个研究热点。如何将面向数据处理的任务，也就是数据密集型任务进行有效处理是本书的研究重点，同时本书研究了空间数据网格中的即插即用协议和按需动态扩展协议。数据网格的重点研究领域非常广阔，本书对几个关键问题的研究也只是其中一个很小的部分。

将来的工作主要集中于以下几个方面。

（1）副本替换算法的研究。当前已经提出了大量的副本替换算法，但目前尚未形成定论，特别是副本替换所引起的数据文件分布的合理性的研究需要大量深入。本书认为一种合理而有效的数据文件的分布机制将大大提升数据网格中作业的处理性能。

（2）数据密集型作业调度的研究。当前针对数据密集型作业在数据网格中的调度主要采用的是 Data-aware 调度算法，而如何计算数据密集型作业和各个处理节点的"亲密度"则是该研究领域的核心。在基于访问代价的调度模式中，本书深入分析了其中的访问代价的影响因素，提出了 ACPB 算法并取得了较好的效果，然而访问代价的影响因素尚需要进一步挖掘，或者应该提出一个更加合理的作业处理节点"亲密度"计算公式。

（3）即插即用协议的研究。空间数据网格作为数据网格的一个主要的应用领域，需要考虑其应用环境的特殊性。对于即插即用协议的研究，需要进一步将本书所提出的协议原型进行实现，同时通过吉林大学超级计算平台进行验证。

（4）按需动态扩展的研究。对于空间数据网格中数据量的快速增长，采用何种方式进行空间数据管理和扩展是其研究的重点。本书所提出的按需动态扩展协议原型叙述了其中的问题，并给出了基本的解决方案。在将来需要进一步对该原型进行深入研究，特别是其决策制定阶段的设计和实现，并最终通过吉林大学超级计算平台进行验证。

总之，对当前数据网格中的几个关键问题的研究还需要继续深入，其目标在于如何构建以数据为中心的作业处理环境，同时最大限度地提升数据密集型作业的处理性能。

参 考 文 献

[1]　Foster I，Kesselman C，Tuecke S. The anatomy of the grid: Enabling scalable virtual organizations[J]. International Journal of High Performance Computing Applications，2001，15（3）: 200-222

[2]　Foster I，Kesselman C. The Grid: Blueprint for a New Computing Infrastructure[M]. San Francisc: Morgan Kaufmann，1999

[3]　Foster I，Kesselman C，Nick J M，et al. The physiology of the grid: An open grid services architecture for distributed systems integration[J]. Grid Computing Making the Global Infortructure A Reality，2002，34（2）: 105-136

[4]　维基百科云计算条目. Available at: http: //en.wikipedia.org/wiki/Cloud_computing[2010-3-1]

[5]　Foster I，Kesselman C. Globus: A mefacomputing infrastructure toolkit[J]. Intemational Journal of Supercomputer Applications，1997，11（2）: 115-128

[6]　Abramson D，Sosic R，Giddy J，et al. Nimrod: A tool for performing parametised simulations using distributed workstations[C]. Proceedings of The 4th IEEE Symposium on High Performance Distributed Computing，Washington，1995

[7]　Casanova H，Dongma J. Netsolve: A network server for solving computational science problems [J]. The International Journal of Supercomputer Applications and High Performance Computing，1995，11（3）: 212-223

[8]　Spring N，Wolski R. Application level scheduling of gene sequence comparison on metacomputers[C]. Proceedings of the 1998 International Conference on Supercomputing，Melbourne，1998: 141-148

[9]　Gfarm project. Available at: http: //datafarm.apgrid.org[2009-12-10]

[10]　Buyya R，Abramson D，Giddy J. Nimrod/G: An architecture for a resource management and scheduling system in a global computational grid[C]. Proceedings of 4th International Conference on High Performance Computing in Asia-pacific Region，Beijing，2000: 283-289

[11]　Berman F，Wolski R，Figueira S，et al. Application level scheduling on distributed heterogeneous networks[C]. Proceedings of Supercomputing，Pittsburgh，1996

[12]　European Data Grid project. Available at: http: //www.eudatagrid.org[2009-10-1]

[13]　Foster I，Kesselman C. The Globus project-A progress report[C]. Proceedings of Heterogeneous

Computing Workshop, Orlando, 1998: 4-18

[14] Baru C, Moore R, Rajasekar A, et al. The SDSC storage resource broker[C]. Proceedings of the 1998 conference of the Centre for Advanced Studies on Collaborative Research, Toronto, 1998: 5

[15] Grid Physics Network. Available at: http: //www.phys.ufl.edu/~avery/mre/[2008-9-3]

[16] Litzkow M, Livny M, Mutka M. Condor-a hunter of idle workstation[C]. Proceedings of 8th International Conference of Distributed Computing Systems, San Jose, 1988: 204-211

[17] Frey J, Tannenbaum T, et al. Condor-G: A computation management agent for multi-institutional grids[J]. Cluster Computing, 2002, 5 (3): 237-246

[18] Berman F, Wolski R, Casanova H. Adaptive computing on the grid using AppLeS[J]. IEEE Transactions on Parallel and Distributed Systems, 2003, 14 (4): 369-382

[19] Yang L Y, Schopf J M, Foster I. Conservative scheduling: Using predicted variance to improve scheduling decisions in dynamic environments[C]. Proceedings of Super Computing, Phoenix, 2003: 31-31

[20] Vazhkudai S, Schopf J M. Using regression techniques to predict large data transfers[J]. International Journal of High Performance Computing Applications, 2003, 17(3): 249-268

[21] Schopf J M, Berman F. Stochastic scheduling[C]. Proceedings of Super Computing, Rhodes, 1999: 48-68

[22] Bell W H, Cameron D G, Capozza L, et al. OptorSim － A GRID simulator for studying dynamic data replication strategies[J]. International Journal of High Performance Computing Applications, 2003, 17 (4): 403-416

[23] Cameron D G, Millar A P, Nicholson C. Optorsim: A simulation tool for scheduling and replica optimisation in data grids[C]. Proceedings of CHEP2004, Interlaken, 2004

[24] O'Neil E J, O'Neil P E, Weikum G. The LRU-K page replacement algorithm for database buffering[C]. Proceedings of ACM SIGMOD'93: International Conference on Management of Data, Washington, 1993: 297-306

[25] Prischepa V V. An efficient web caching algorithm based on LFU-K replacement policy[C]. Proceedings of the Spring Young Researcher's Colloquium on Database and Information Systems, Saint Petersburg, 2004

[26] Cao P, Irani S. Cost-aware WWW proxy caching algorithms[C]. Proceedings of USENIX Symposium on Internet Technologies and Systems, Monterey, 1997

[27] Otoo E, Shoshani A. Accurate modeling of cache replacment policies in a data grid[C]. Proceedings of the 20th IEEE/11th NASA Goddard Conference on Mass Storage Systems and Technologies, San Diego, 2003

[28] Otoo E, Olken F, Shoshani A.Disk cache replacement algorithm for storage resource managers

in data grids[C]. Proceedings of the 2002 ACM/IEEE conference on Supercomputing，New York，2002：1-15

[29] Carman M，Zini F，Serafini L，et al. Towards an economy-based optimisation of file access and replication on a data grid[C]. Proceedings of 2nd IEEE International Symposium on Cluster Computing and the Grid，Berlin，2002：340-345

[30] Buyya R，Stockinger H，Giddy J，et al. Economic models for management of resources in peer-to-peer and grid computing[C]. Proceedings of SPIE International Conference on Commercial Applications for High-Performance Computing，Bellingham，2001

[31] Bell W H，Cameron D G，Carvajal-Schiaffino R，et al. Evaluation of an economy-based file replication strategy for a data grid[C]. Proceedings of the 3rd IEEE/ACM International Symposium on Cluster Computing and the Grid，Tokyo，2003：661-668

[32] Yan X，Xu H，Xu Y，et al. A data replica replacement algorithm based on value model in mobile grid environments[C]. Proceedings of The Second International Conference on Mobile Technology，Applications and Systems，Guangzhou，2005：30-33

[33] Cudre-Mauroux P，Aberer K. A decentralized architecture for adaptive media dissemination [C]. Proccedings of the IEEE International Conference on Multimedia and Expo，Lausanne，2002

[34] Aberer K. P-Grid：A self-organizing access structure for P2P information systems[C]. Proceedings of the 9th International Conference on Cooperative Information Systems，Trento，2001：179-194

[35] Ma T，Luo J. A prediction-based and cost-based replica replacement algorithm research and simulation[C]. Proceedings of 19th International Conference on Advanced Information Networking and Applications，Taipei，2005：935-940

[36] Ai L，Luo S. Job-attention replica replacement strategy[C]. Proceedings of the 8th ACIS International Conference on Software Engineering，Artificial Intelligence，Networking and Parallel/Distributed Computing，Qingdao，2007：837-840

[37] UPnP[TM] Forum，UPnP Standards. http：//upnp.org/standardizeddcps/default.asp[2009-6-8]

[38] Carns P H，Ligon III W B，Ross R B，et al. PVFS：A parallel file system for linux clusters[C]. Proceedings of the 4th Annual Linux Showcase and Conference，Atlanta，2000：317-327

[39] Xiong J，Wu S，Meng D，et al. Design and performance of the dawning cluster file system[C]. Proceedings of IEEE International Conference on Cluster Computing，Hong Kong，2003：232-239

[40] LUSTRE Project. Available at：http：//www.lustre.org[2009-9-2]

[41] Stoica I，Morris R，Karger D R，et al. Chord：A scalable peer-to-peer lookup service for internet applications[C]. Proceedings of the ACM SIGCOMM 2001 Conference on Applications，

Technologies，Architectures，and Protocols for Computer Communication，San Diego，2001：149-160

[42] 程斌，金海，李胜利，等. HANDY：一种具有动态扩展性的集群文件系统[J]. 小型微型计算机系统，2006，27（12）：2189-2195

[43] Wilson P R，Johnstone M S，Neely M，et al. Dynamic storage allocation：A survey and critical review[C]. Proceedings of the International Workshop on Memory Management，Kinross，1995：1-116

[44] Protic J，Tomasevic M，Milutinovic V. Distributed Shared Memory：Concepts and Systems[M]. IEEE Computer Society，1997

[45] Hoschek W，Jaen-Martinez F J，Samar A，et al. Data management in an international data grid project[C]. Proceedings of First IEEE/ACM International Workshop of Grid Computing，Bangalore，2000：77-90

[46] Guy L，et al. Replica management in data grids[J]. Global Grid Forum 5，2002，3（1）：2-18

[47] Chervenak A，Foster I，Kesselman C，et al. The data grid：Towards an architecture for the distributed management and analysis of large scientific data sets [J]. Journal of Network and Computer Applications，2000，23（3）：187-200

[48] Venugopal S，Buyya R，Ramamohanarao K. A taxonomy of data grids for distributed data sharing，management，and processing[J]. ACM Computing Surveys，2006，38（1）：3

[49] Foster I，Kesselman C，Tsudik G，et al. A security architecture for computational grids[C]. Proceedings of the 5th ACM Conference on Computer and Communications Security Conference，San Francisco，1998：83-92

[50] Allcock W. Gridftp protocol specification. Global Grid Forum Recommendation（GFD.20）

[51] Capozza L，Stockinger K，Zini F. Preliminary evaluation of revenue prediction functions for economically-effective file replication[R]. Technical report，DataGrid-02-TED-020724，CERN，Geneva，2002

[52] Lamehamedi H，Shentu B K，Deelman E. Data replication strategies in grid environments[C]. Proceedings of the 5th International Conference on Algorithms and Architectures for Parallel Processing，Beijing，2002：378-383

[53] Sun H Y，Wang X D，Zhou B.The storage alliance based double-layer dynamic replica creation strategy-SADDRES [J]. ACTA Electronica Sinica，2005，33（7）：1222-1226

[54] Ranganathan K，Foster I. Decoupling computation and data scheduling in distributed data-intensive applications[C]. Proceeding of 11th IEEE International Symposium on High Performance Distributed Computing，Edinburgh，2002：352-358

[55] Avery P，Foster I. The GriPhyN project：Towards petascale virtual data grids[R]. The GriPhyN Collaboration，Chicago，2000

[56] Chervenak A, Foster I, Kesselman C, et al. The data grid: Towards an architecture for the distributed management and analysis of large scientific datasets [J]. Journal of Network and Computer Applications, 2000, 23 (3): 187-200

[57] Allcock W, Foster I, Tuecke S. Protocols and services for distributed data-intensive science[C]. Proceedings of Advanced Computing and Analysis Techniques in Physics Research, Naperville, 2000: 161-163

[58] Allcock B, Bester J, Bresnahan J, et al. Secure, efficient data transport and replica management for high-performance data-intensive computing[C]. Proceedings of Eighteenth IEEE Symposium on Mass Storage Systems and Technologies, San Diego, 2001: 13

[59] Vazhkudai S, Tuecke S, Foster I. Replica selection in the globus data grid[C]. Proceedings of First IEEE International Symposium on Cluster Computing and the Grid, Brisbane, 2001: 106-113

[60] Segal B. Grid computing: The european data project[C]. Proceedings of IEEE Nuclear Science Symposium and Medical Imaging Conference, Lyon, 2000: 15-20

[61] GEONGrid 项目. http: //www.geongrid.org/[2010-3-3]

[62] SCEC Project. Available at: http: //www.scec.org[2010-4-2]

[63] LEAD Project. Available at: https: //portal.leadproject.org[2010-3-2]

[64] Earth System Grid. Available at: http: //www.earthsystemgrid.org/[2010-3-5]

[65] Kavitha R, Foster I. Design and evaluation of dynamic replication strategies for a high performance data grid[C]. Proceedings of Computing in High Energy and Nuclear Physics, Beijing, 2001: 106-118

[66] Agrawal R, Imielinski T, Swami A. Mining association rules between sets of items in large databases[C]. Proceedings of ACM SIGMOD International Conference on Management of Data, Washington, 1993: 207-216

[67] Han J, Kamber M. Data Mining: Concepts and Techniques[M]. San Francisco: Morgan Kaufmann, 2000

[68] Lee D, Choi J, Kim J, et al. LRFU: A spectrum of policies that subsumes the least recently used and least frequently used policies[J]. Transactions on Computers, 2001, 50 (12): 1352-1361

[69] Jiang J, Xu G, Wei X. An enhanced data-aware scheduling algorithm for batch-mode data-intensive jobs on data grid[C]. Proceedings of the 2006 International Conference on Hybrid Information Technology, Jeju Island, 2006: 257-262

[70] Kouzes R T, Anderson G A, Elbert S T, et al. The changing paradigm of data-intensive computing [J]. IEEE Computer, 2009, 42 (1): 26-34

[71] Cannataro M, Talia D, Srimani P K. Parallel data intensive computing in scientific and

commercial applications [J]. Parallel Computing，2002，28（5）：673-704

[72] Foster I，Kesselman C. Globus：A metacomputing infrastructure toolkit [J]. International Journal of Supercomputer Applications，1997，11（2）：115-128

[73] Wolski R，Spring N T，Hayes J. The network weather service：A distributed resource performance forecasting service for metacomputing [J]. Journal of Future Generation Computing Systems，1999，15（5/6）：757-768

[74] Karypis G，Han E H，Kumar V. Chameleon：Hierarchical clustering using dynamic modeling [J]. Computer，1999，32（8）：68-75

[75] Platform Computing. Available at：http：//www.platform.com[2007-7-1]

[76] Basney J，Livny M. Managing network resources in condor[C]. Proceedings of the Ninth IEEE Symposium on High Performance Distributed Computing，Pittsburgh，2000：298-299

[77] Zhou S，Zheng X，Wang J，et al. Utopia：A load sharing facility for large，heterogeneous distributed computer systems [J]. Software practice and Experience，1993，23（12）：1305-1336

[78] Sun Microsystems Inc. Sun Grid Engine Project. Available at：http：//gridengine. sunsource. net/[2008-6-8]

[79] Portable Batch System Project. Available at：http：//www.openpbs.org[2008-10-2]

[80] Tanimura Y，Tanaka Y，Sekiguchi S. Performance evaluation of gfarm version 1.4 as a cluster filesystem[C]. Proceedings of the 3rd International Workshop on Grid Computing and Applications，Las Vegas，2007：38-52

[81] Tatebe O，Morita Y，Matsuoka S，et al. Grid datafarm architecture for petascale data intensive computing[C]. Proceedings of the 2nd IEEE/ACM International Symposium on Cluster Computing and the Grid，Berlin，2002：102-110

[82] Tatebe O，Soda N，Morita Y，et al. Gfarm v2：A grid file system that supports high-performance distributed and parallel data computing[C]. Proceedings of the 2004 Computing in High Energy and Nuclear Physics，Interlaken，2004

[83] Wei X H，Li W W，Tatebe O，et al. Implementing data aware scheduling in Gfarm（R）using LSF（TM）scheduler plugin mechanism[C]. Proceedings of the 2005 International Conference on Grid Computing and Applications，Las Vegas，2005：3-5

[84] Zhao Y，Hu Y. GRESS-A grid replica selection service[C]. Proceedings of the ISCA 16th International Conference on Parallel and Distributed Computing Systems，Reno，2003：423-429

[85] Rahman R M，Barker K，Alhajj R. Replica selection in grid environment：A data-mining approach[C]. Proceedings of the 2005 ACM Symposium on Applied Computing，Santa Fe，2005：695-700

[86] Grossner K E，Goodchild M F，Clarke K C. Defining a digital earth system [J]. Transactions in

GIS，2008，12（1）：145-160

[87] 李德仁. 数字地球与"3S"技术[J]. 中国测绘，2003，（2）：28-31

[88] 王龙超. 空间数据网格概念体系研究[D]. 西安：长安大学，2006

[89] 于雷易.GIS 网格体系结构探讨[J].武汉大学学报（信息科学版），2004，29（2）：153-156

[90] Open Geospatial Consortium. Available at：http：//www.opengeospatial.org/[2008-7-1]

[91] OpenGIS Standards. Available at：http：//www.opengeospatial.org/standards[2009-6-8]

[92] OGC 参考模型. Available at：http：//www.opengeospatial.org/standards/orm[2009-6-7]

[93] Google Earth Project. Available at：http：//earth.google.com[2009-9-3]

[94] Chang F，Dean J，Ghemawat S，et al. Bigtable：A distributed storage system for structured data[C]. Proceedings of the 7th Symposium on Operating Systems Design and Implementation，Seattle，2006：205-218

[95] World Wind Project. Available at：http：//worldwind.arc.nasa.gov/java/[2009-10-2]

[96] Bell D G，Kuehnel F，Maxwell C，et al. NASA world wind：Opensource GIS for mission operations[C]. Proceedings of the 2007 IEEE Aerospace Conference，Bigsky，2007：1-9

[97] Zaslavsky I，Memon A，Petropoulos M，et al. Online querying of heterogeneous distributed spatial data on a grid[C].Proceedings of Digital Earth'2003 Conference，BRno，2003：46-49

[98] Stollberg B，Zipf A. OGC web processing service interface for web service orchestration[C]. 7th International Symposium of Web and Wireless Geographical Information Systems，Cardiff，2007：239-251

[99] Alameh N. Chaining geographic information web services [J]. IEEE Internet Computing，2003，7（5）：22-29

[100] OASIS WSRF TC. Website. Available at：http：//www.oasis-open.org/committees/tc_home.php? wg_abbrev=wsrf[2009-10-2]

[101] Globus WSRF. Available at：http：//www.globus.org/wsrf/[2009-10-2]

[102] 李德仁，朱欣焰，龚健雅.从数字地球到空间信息多级网格——空间信息多级网格理论思考[J]. 武汉大学学报（信息科学版），2003，28（6）：643-650

[103] Zaslavsky I，Memon A. GEON：Assembling maps on demand from heterogeneous grid sources[C]. Proceedings of ESRI User Conference，San Diego，2004

[104] Baru C，Chandra S，Lin K，et al. The GEON service-oriented architecture for earth science applications[J]. International Journal of Digital Earth，2009，2（1）：62-78

附　　录

AC	Access Cost
AIST	National Institute of Advanced Industrial Science and Technology
APIs	Application Programming Interfaces
CE	Computing Element
CERN	European Organization for Nuclear Research
CMS	Compact Muon Solenoid
DCFS	Dawning Cluster File System
DID	Device ID
DOC	Data Organization Cell
DOT	Data Organization Table
EDG	European Data Grid
ESG	Earth System Grid
FCFS	First Come First Serve
GridFTP	Grid File Transfer Protocol
GSI	Grid Security Infrastructure
IC	Information Collector
ID	Information Dector
LEAD	Linked Environments for Atmospheric Discovery
LFU	Least Frequency Used
LIM	Load Information Manager
LRU	Least Recently Used
LSF	Load Sharing Facility

NASA	National Aeronautics and Space Administration
NWS	Network Weather Service
OGC	Open Geospatial Consortium
OGSA	Open Grid Services Architecture
P2P	Peer-to-Peer
PBS	Portable Batch System
PKI	Public Key Infrastructure
PVDG	Petascale Virtual Data Grids
RES	Remote Execution Server
RP	Resource Processor
SAN	Storage Area Network
SCEC	Southern California Earthquake Center
SE	Storage Element
SGE	Sun Grid Engine
SIG	Spatial Information Grid
SOAP	Simple Object Access Protocol
SRB	Storage Resource Broker
SSL	Secure Sockets Layer
UDDI	Universal Description，Discovery，and Integration
UPnP	Universal Plug and Play
WSDL	Web Services Description Language
WSRF	Web Services Resource Framework
XML	Extensible Markup Language